21 世纪高等院校创新课程规划教材

U0161800

概率论与数理统计

蔡银英　鲍俊颖　陈林冲　主编

中国财经出版传媒集团

经济科学出版社

Economic Science Press

图书在版编目（CIP）数据

概率论与数理统计 / 蔡银英，鲍俊颖，陈林冲主编 .
-- 北京：经济科学出版社，2022.8
21 世纪高等院校创新课程规划教材
ISBN 978 - 7 - 5218 - 3847 - 3

Ⅰ.①概⋯　Ⅱ.①蔡⋯ ②鲍⋯ ③陈⋯　Ⅲ.①概率论
- 高等学校 - 教材 ②数理统计 - 高等学校 - 教材　Ⅳ.
①O21

中国版本图书馆 CIP 数据核字（2022）第 120735 号

责任编辑：周胜婷
责任校对：蒋子明
责任印制：张佳裕

概率论与数理统计

蔡银英　鲍俊颖　陈林冲　主编

经济科学出版社出版、发行　新华书店经销
社址：北京市海淀区阜成路甲 28 号　邮编：100142
总编部电话：010 - 88191217　发行部电话：010 - 88191522
网址：www. esp. com. cn
电子邮箱：esp@ esp. com. cn
天猫网店：经济科学出版社旗舰店
网址：http://jjkxcbs. tmall. com
固安华明印业有限公司印装
710 × 1000　16 开　13.25 印张　220000 字
2022 年 8 月第 1 版　2022 年 8 月第 1 次印刷
ISBN 978 - 7 - 5218 - 3847 - 3　定价：45.50 元

本书编委会成员

主　　编：蔡银英　鲍俊颖　陈林冲

副 主 编：李静茹　邹　杨

参编人员：周　悄　程良萍　杨鑫波　潘　超

2019 年国务院印发《国家职业教育改革实施方案》，提出了"一大批普通本科高等学校向应用型转变"的发展要求，各地政府也将应用型高校建设纳入高等教育发展规划，由此可见普通高校的发展必须注重应用，突出特色，尤其是应用型大学．为适应普通高校转型过程中非数学专业概率论与数理统计课程的需要，参考国内外多本优秀的教材及科普读物，我们编写了该书．

本书可作为高等院校非数学专业的通用教材，特别是应用型院校各专业相关课程的教材，也可供概率统计的初学者自学使用．本书以"强化基础，注重应用"为指导思想，对概率论与数理统计的内容进行了优化及整合，强调基础知识的准确性及严谨性，注重数学思想及数学方法在实际生活中的应用；采用"提出问题—分析问题（线上讨论）—解决问题—总结知识"的模式展开阐述，希望读者可以从生活中发现问题并能积极寻求解决问题的方法．

在编写的过程中，我们力求体现以下三点特色：

1. 以问题导向编写教材，每个章节都围绕具有挑战性的实际问题展开．教材的每个章节都以与实际生活紧密联系的一两个问题为背景，展开知识点的讨论．有意选择跨度较大，综合性较高的问题，提高读者的综合分析能力和推理能力．

2. 在保障理论知识严谨性的同时力争阐述语言通俗易懂，用词准确．概率论与数理统计课程以高等数学、线性代数为基础，同时又是后续算法课程、数据分析课程的先导课程，集理论的抽象性与应用性为一体，对初学者来讲有一定挑战度，课程组在保障理论知识严谨性的同时，尽量采用生活化的语言或选择生活中常见的事例对内容进行阐述，希望能够帮助读者更好地理解相关的内容．

3. 将数据分析思维，辩证思维融入教材．结合知识点在实际问题中的阐述，提出对立的可能出现的事件，为读者独立分析、辩证思考提供素材，比如小概率事件"买彩票中 500 万元"买与不买，先阐述"小概率事件在大量重复的试验中必然会发生"，再让读者思考"为了中 500 万元，是否可以坚持不懈地买彩票"．

本书的编写由重庆第二师范学院数学与大数据学院的蔡银英、鲍俊颖、陈林冲、李静茹、邹杨、周悄、程良萍等人共同完成，编写工作得到了重庆市儿童大数据工程实验室、重庆交互式教育电子工程技术研究中心、重庆市电子信息重点学科资助、重庆市线上一流课程《概率论与数理统计》的支持，在此表示衷心的感谢．

本书书稿虽经过多次修改，限于编者水平，书中难免存在疏漏与不当之处，敬请读者批评指正．

目 录
Contents

第一章 随机事件及其概率

要解决的实际问题

一、买彩票（以双色球为例）的建议与策略

1. 双色球的游戏规则

双色球投注区分为红球号码区和蓝球号码区，红球号码范围为 01～33，蓝球号码范围为 01～16. 双色球每期从 33 个红球中开出 6 个号码，从 16 个蓝球中开出 1 个号码作为中奖号码，双色球玩法即是竞猜开奖号码的 6 个红球号码和 1 个蓝球号码，顺序不限.

2. 双色球的中奖及设奖（见表 1-1）

表 1-1

奖级	中奖条件		中奖说明	单注奖金	单注赔率
	红球	蓝球			
一等奖	○○○○○○	●	中 6+1	（1）当奖池资金低于 1 亿元时，奖金总额为当期高等奖奖金的 75% 与奖池中累积的奖金之和，单注奖金按注均分，单注最高限额封顶 500 万元 （2）当奖池资金高于 1 亿元（含）时，奖金总额包括两部分. 一部分为当期高等奖奖金的 55% 与奖池中累积的奖金之和，单注奖金按注均分，单注最高限额封顶 500 万元；另一部分为当期高等奖奖金的 20%，单注奖金按注均分，单注最高限额封顶 500 万元	—

续表

奖级	中奖条件		中奖说明	单注奖金	单注赔率
	红球	蓝球			
二等奖	○○○○○○		中6＋0	当期高等奖奖金的25%	—
三等奖	○○○○○	●	中5＋1	单注奖金额固定为3000元	1:1500
四等奖	○○○○○		中5＋0	单注奖金额固定为200元	1:100
	○○○○	●	中4＋1		
五等奖	○○○○		中4＋0	单注奖金额固定为10元	1:5
	○○○	●	中3＋1		
六等奖	○○	●	中2＋1	单注奖金额固定为5元	1:2.5
	○	●	中1＋1		
		●	中0＋1		

注：1. ○表示红球，●表示蓝球.
2. 高等奖奖金＝奖金总额－固定奖奖金.

3. 有关双色球的问题
(1) 买一张彩票可以中奖吗？
(2) 买多少张彩票可以中一等奖？
(3) 研究双色球的走势图对中奖有影响吗？
(4) 某些机构声称可以对双色球的中奖号码进行预测，这可信吗？

二、增加"猜拳"游戏（以石头、剪刀、布猜拳为例）赢率的策略

1. 石头、剪刀、布的游戏规则
石头、剪刀、布的游戏规则是：石头打剪刀，布包石头，剪刀剪布；也就是说石头与剪刀相遇石头赢，布与石头相遇布赢，剪刀与布相遇剪刀赢.
2. 玩"石头、剪刀、布"怎样出拳能增加获胜次数？

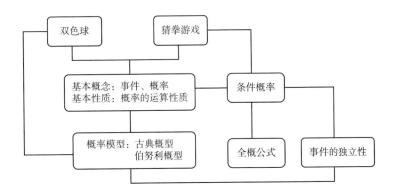

第一节　随机事件及其运算

　　一张彩票在开奖之前，我们根本不知道能否中奖；猜拳游戏在出拳之前，我们也不知道对方到底要出"石头、剪刀、布"中的哪一个；抛一枚硬币，在硬币落地之前不能确定会出现哪一面．这类现象，在一定条件下可能出现这种结果，也可能出现那种结果，在试验或者观察之前不能预知结果．但是经过长期的观察和试验，我们发现这类现象的结果有一定的规律性．例如，多次重复地抛一枚硬币得到正面朝上的次数大致为总抛掷次数的一半．这种在大量重复试验或观察中所呈现的固有规律，就是我们以后所说的统计规律性．

　　这种在个别试验中其结果呈现出不确定性，在大量重复试验中其结果又具有统计规律的现象，称为随机现象．概率论正是研究这种随机（偶然）现象，寻找他们的内在统计规律性的一门数学学科．

　　我们通过研究随机试验来研究随机现象．

一、随机试验

对随机现象进行的试验或观察称为随机试验，简称试验，可用字母 E 表示．它具有以下特性（征）：

（1）试验可以在相同条件下重复进行．

（2）试验的所有可能结果是明确可知的，并且不止一个．

（3）每次试验总是恰好出现这些可能结果中的一个，但在一次试验之前不能肯定这次试验会出现哪一个结果．

【例 1 - 1 - 1】E_1：投掷一枚硬币，观察正面 H、反面 T 出现的情况．

它有两种可能的结果就是"正面朝上"或"反面朝上"，投掷之前不能预言哪一个结果会出现，且这个试验可以在相同的条件下重复进行，所以 E_1 是一个随机试验．

【例 1 - 1 - 2】E_2：掷一颗骰子，观察出现的点数．

它有 6 种可能的结果就是"出现 1 点""出现 2 点"，…，"出现 6 点"．但在投掷之前不能预言哪一个结果出现，且这个试验可以在相同的条件下重复进行，所以 E_2 是一个随机试验．

【例 1 - 1 - 3】E_3：在一批灯泡中任意抽取一只，测试它的寿命 t．

灯泡的寿命（单位：小时）$t \geq 0$，但在测试之前不能确定它的寿命有多长，这一试验也可以在相同的条件下重复进行，所以 E_3 是一个随机试验．

练习 1：寻找实际问题中的随机试验．

二、样本空间

对随机试验，尽管在每次试验之前不能预知试验的结果，但试验的所有可能结果组成的集合是已知的．我们把随机试验 E 的所有可能结果组成的集合称为试验 E 的样本空间，通常用字母 S 表示．样本空间的元素，即 E 的每一个可能的结果，称为样本点，常用 ω 表示．

上述［例 1 - 1 - 1］～［例 1 - 1 - 3］$E_i(i=1,2,3)$ 的样本空间 S_i 为：$S_1 = \{H,T\}$；$S_2 = \{1,2,3,4,5,6\}$；$S_3 = \{t | t \geq 0\}$．

值得注意的是，样本空间的元素是由试验的目的所确定的，试验的目的不同，样本空间中的元素也不同．建立样本空间，事实上就是建立随机现象的数学模型，因此，一个样本空间可以概括许多内容大不相同的实际问题．

练习2：写出双色球抽奖号码的样本空间．

三、随机事件

当我们通过随机试验来研究随机现象时，通常不是关心某一个样本点在试验后是否会出现，而是关心满足某些条件的样本点的集合在试验后是否会出现．例如，若规定某种灯泡的寿命小于 500 小时为次品，则在 E_3 中我们关心灯泡的寿命是否有 $t \geqslant 500$，满足这一条件的样本点组成 S_3 的一个子集：$A = \{t \mid t \geqslant 500\}$．我们称 A 为 E_3 的一个随机事件．显然，当且仅当子集 A 中的一个样本点出现时，有 $t \geqslant 500$.

一般称试验 E 的样本空间 S 的子集（或随机试验某些样本点组成的集合）为 E 的随机事件，简称事件．随机事件一般用大写字母 $A, B, C, \ldots$ 表示．在一次试验中，当且仅当这一子集的一个样本点出现时，称这一事件发生．

由一个样本点组成的单点集，称为基本事件．例如，试验 E_1 有两个基本事件 $\{H\}$ 和 $\{T\}$；试验 E_2 有 6 个基本事件 $\{1\}, \{2\}, \ldots, \{6\}$.

样本空间 S 含有所有的样本点，它是 S 的子集，在每次试验中 S 总是发生的，S 称为 E 的必然事件．空集 ϕ 不含任何样本点，它也是 S 的子集，在每次试验中 ϕ 都不发生，ϕ 称为 E 的不可能事件．必然事件和不可能事件的发生与否，已经失去了随机性．为了今后研究的方便，需要把它们当作一种特殊的随机事件．

练习3：举出练习1中随机试验的一些随机事件．

四、随机事件的关系与运算

事件是一个集合，事件间的关系与运算自然可以按照集合论中集合之间的关系与运算来处理．下面给出这些关系和运算在概率论中的提法，并根据"事件发生"的含义，给出它们在概率论中的含义．

设试验 E 的样本空间为 S，而 $A,B,A_k(k=1,2,\ldots)$ 是 S 的子集.

（1）事件的包含与相等. 若事件 A 发生必然导致事件 B 发生，则称事件 B 包含事件 A，记为 $B\supset A$ 或者 $A\subset B$（见图 1-1）. 若 $A\subset B$ 且 $B\subset A$，即 $A=B$，则称事件 A 与事件 B 相等.

（2）事件的和. 事件 A 与事件 B 至少有一个发生的事件称为事件 A 与事件 B 的和事件，记为 $A\cup B$. 事件 $A\cup B$ 发生意味着：或事件 A 发生，或事件 B 发生，或事件 A 与事件 B 都发生（见图 1-2）.

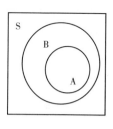

图 1-1

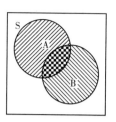

图 1-2

事件的和可以推广到多个事件的情景. 设有 n 个事件 $A_1,A_2,\ldots,A_n$，定义它们的和事件为 $\{A_1,A_2,\ldots,A_n$ 中至少有一个发生$\}$，记为 $\bigcup\limits_{k=1}^{n}A_k$.

（3）事件的积. 事件 A 与事件 B 都发生的事件称为事件 A 与事件 B 的积事件，记为 $A\cap B$，也简记为 AB. 事件 $A\cap B$（或 AB）发生意味着事件 A 发生且事件 B 也发生，即 A 与 B 都发生（见图 1-3）.

类似的，可以定义 n 个事件 $A_1,A_2,\ldots,A_n$ 的积事件 $\bigcap\limits_{k=1}^{n}A_k=\{A_1,A_2,\ldots,A_n$ 都发生$\}$.

（4）事件的差. 事件 A 发生而事件 B 不发生的事件称为事件 A 与事件 B 的差事件，记为 $A-B$（见图 1-4）.

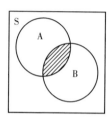

图 1-3

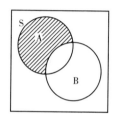

图 1-4

（5）互不相容事件（互斥）．若事件 A 与事件 B 不能同时发生，即 $AB = \phi$，则称事件 A 与事件 B 是互斥的，或称它们是互不相容的（见图 $1-5$）．若事件 $A_1, A_2, \ldots, A_n$ 中的任意两个都互斥，则称事件 $A_1, A_2, \ldots, A_n$ 两两互斥，或称事件 $A_1, A_2, \ldots, A_n$ 互不相容．

（6）对立事件．"A 不发生"的事件称为事件 A 的对立事件，记为 $\overline{A}$（见图 $1-6$）．A 和 $\overline{A}$ 满足：$A \cup \overline{A} = S$，$A\overline{A} = \phi$，$\overline{\overline{A}} = A$．

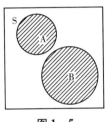

图 $1-5$

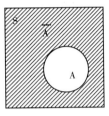

图 $1-6$

由图 $1-4$ 可以看出：$A - B = A\overline{B}$．

（7）事件运算满足的定律．设 A, B, C 为事件，则有：

交换律：$A \cup B = B \cup A$；$AB = BA$．

结合律：$(A \cup B) \cup C = A \cup (B \cup C)$；$(AB)C = A(BC)$．

分配律：$(A \cup B)C = (AC) \cup (BC)$；$(AB) \cup C = (A \cup C)(B \cup C)$．

对偶律：$\overline{A \cup B} = \overline{A}\ \overline{B}$；$\overline{AB} = \overline{A} \cup \overline{B}$．

利用事件的关系与运算可以将一些复杂事件表示为简单事件的关系与运算，进而将复杂事件的相关问题转化为简单事件的问题进行讨论．

【例 $1-1-4$】设甲、乙两人玩"石头、剪刀、布"的游戏三局，用 A_1、A_2、A_3 分别表示甲在第一局、第二局、第三局游戏中获胜．试用 A_1、A_2、A_3 表示以下各事件：

（1）甲只有一局获胜；

（2）三局游戏，甲都没获胜；

（3）甲至少有一局获胜；

（4）甲至多获胜两局．

解：（1）甲只有一局获胜，意味甲在第一局中获胜，第二局、第三局都没获胜；或者在第二局中获胜，第一局、第三局都没获胜；或者在第三局中获胜，第一局、第二局都没获胜．所以可表示为 $A_1 \overline{A_2}\,\overline{A_3} \cup \overline{A_1} A_2 \,\overline{A_3} \cup \overline{A_1}\ \overline{A_2} A_3$．

（2）三局游戏，甲都没获胜，意味着甲第一局、第二局、第三局都没获胜．所以可表示为$\overline{A_1}\,\overline{A_2}\,\overline{A_3}$．

（3）甲至少有一局获胜，也就是说，或第一局获胜，或第二局获胜，或第三局获胜．所以可表示为$A_1\cup A_2\cup A_3$．

（4）甲至多获胜两局，也就是说甲至少有一局没获胜．所以可表示为$\overline{A_1}\cup\overline{A_2}\cup\overline{A_3}$．

练习4：分析双色球试验中"中一等奖"与"中二等奖"两个事件的关系；分析猜拳游戏中"出石头"与哪个事件相等．

【例1-1-5】设$A_1=\{HHH,HHT,HTH,HTT\}$，$A_2=\{HHH,TTT\}$，求$A_1\cup A_2$，$A_1\cap A_2$，A_2-A_1．

解：$A_1\cup A_2=\{HHH,HHT,HTH,HTT,TTT\}$

$A_1\cap A_2=\{HHH\}$

$A_2-A_1=\{TTT\}$

第二节　事件的概率及其性质

随机事件在一次试验中可能发生，也可能不发生，我们常常希望知道某些事件在一次试验中发生的可能性究竟有多大，即对其进行定量计算，希望找到一个合适的数来表征事件在一次试验中发生的可能性大小，"概率"的概念正是源于这种需要而产生．

一、频率与概率的统计定义

定义1-1　设A是随机试验E的一随机事件，在相同条件下，把E独立地重复进行n次，用n_A表示事件A在这n次试验中发生的次数（称为频数）．比值$\frac{n_A}{n}$称为事件A在这n次试验中发生的频率，记为$f_n(A)$．

由定义知，频率具有下述基本性质：

（1）对任意事件A，有$0\leqslant f_n(A)\leqslant 1$．

（2）对必然事件S，有$f_n(S)=1$．

（3）设 $A_1, A_2, \ldots, A_n$ 是两两互不相容的事件，有

$$f_n(A_1 \cup A_2 \cup \ldots \cup A_n) = \sum_{i=1}^{n} f_n(A_i)$$

也就是说，两两互不相容事件的和事件的频率等于每个事件频率的和.

由于事件 A 的频率是它发生的次数与试验次数之比，其大小可以表示事件 A 发生的频繁程度，因此，直观的想法是用事件的频率来表示事件 A 在一次试验中发生的可能性的大小，但是否可行呢？我们先看下面的例子.

【例 1 - 2 - 1】抛一枚质地均匀的硬币试验，历史上许多学者都做过此试验. 设 n 表示抛硬币的次数，n_H 表示正面出现的次数，$f_n(H)$ 表示正面出现的频率，得到如表 1 - 2 所示的数据：

表 1 - 2

试验者	n	n_H	$f_n(H)$	$\lvert f_n(H) - 0.5 \rvert$
德摩根	2048	1060	0.5181	0.0181
蒲丰	4040	2048	0.5069	0.0069
费勒	10000	4979	0.4979	0.0021
皮尔逊	24000	12012	0.5005	0.0005
维尼	30000	14994	0.4998	0.0002

从表 1 - 2 中的数据可以看出，抛硬币的次数 n 较小时，正面出现的频率 $f_n(H)$ 在 0 ~ 1 之间波动相对较大；随着 n 的增大，$f_n(H)$ 始终在 0.5 的附近徘徊，这就说明当 n 逐渐增大时，$f_n(H)$ 呈现出稳定性. 这种"频率稳定性"就是所谓的统计规律.

定义 1 - 2（概率的统计定义）　在大量重复试验中，若事件 A 发生的频率稳定在某一个常数 a 的附近，则称该常数 a 为事件 A 发生的概率，记为 $P(A)$.

需要注意的是，频率是不确定的，而概率（即频率稳定值）则是一个常数. 当试验的次数足够大时，频率相对稳定，可以把频率作为概率的近似值. 日常生活中所说的产品合格率、彩票中奖率等都是指频率.

但是，在实际中，我们不可能对每一个事件都做大量的试验，然后求得事件的统计概率，用以表征事件发生可能性的大小，同时，为了理论研究的需要，我们从频率的稳定性和频率的性质得到启发，给出如下表征事件发生可能性大小的概率的定义.

二、概率

定义 1 - 3　设 E 是随机试验，S 为其样本空间，对于 E 的每一个随机事件 A 赋予一个实数，记为 $P(A)$，称为事件 A 的概率，如果集合函数 $P(\cdot)$ 满足下列条件：

（1）非负性：$0 \leqslant P(A) \leqslant 1$.

（2）规范性：$P(S) = 1$.

（3）可列可加性：设 $A_1, A_2, \ldots$ 是两两互不相容的事件，即 $A_i A_j = \phi$，$i \neq j, i, j = 1, 2, \ldots$，有 $P(A_1 \cup A_2 \cup \ldots) = P(A_1) + P(A_2) + \ldots$.

定义 1 - 3 实际上就是概率的公理化定义，它使概率成为一门严格的演绎科学，取得了与其他数学学科同等的地位. 在公理化的基础上，现代概率论不仅在理论上取得了一系列的突破，也在应用上取得了巨大的成就.

由概率的定义，可以推得概率的一些重要性质.

性质 1 - 1　$P(\phi) = 0$.

证：因为 $S = S \cup \phi \cup \phi \cup \ldots \cup \phi \cup \ldots$，由概率定义中的可列可加性知道：

$$P(S) = P(S \cup \phi \cup \phi \cup \ldots \cup \phi \cup \ldots)$$
$$= P(S) + P(\phi) + P(\phi) + \ldots + P(\phi) + \ldots$$

又 $P(S) = 1$，所以 $P(\phi) + P(\phi) + \ldots + P(\phi) + \ldots = 0$，即 $P(\phi) = 0$.

性质 1 - 2（有限可加性）　设 $A_1, A_2, \ldots A_n$ 是两两互不相容的事件，有

$$P(A_1 \cup A_2 \cup \ldots \cup A_n) = P(A_1) + P(A_2) + \ldots + P(A_n)$$

只需将可列可加性第 n 项后面的无穷多项看成是不可能事件，即可得到有限可加性.

性质 1 - 3（减法公式）　设 A, B 是两个事件，若 $B \subset A$，则有

$$P(A - B) = P(A) - P(B)$$

证：由 $B \subset A$ 知 $A = (A - B) \cup B$（见图 1 - 7），又 $(A - B)B = \phi$，由有限可加性知，$P(A) = P(A - B) + P(B)$，所以 $P(A - B) = P(A) - P(B)$. 同时由 $P(A - B) \geqslant 0$ 可得：若 $B \subset A$，则 $P(B) \leqslant P(A)$.（单调性）

一般的减法公式：设 A, B 是两个事件，则有 $P(A - B) = P(A) - P(AB)$.

因为 $A = (A - B) \cup AB$（见图 1 - 8），由有限可加性即可得到一般的减

法公式.

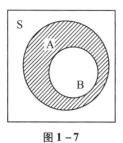
图 1 - 7

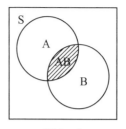
图 1 - 8

性质 1 - 4（逆事件的概率） 对于任一事件 A，有 $P(\overline{A}) = 1 - P(A)$.

因 $A \cup \overline{A} = S$，$A\overline{A} = \phi$，由有限可加性知，$P(A \cup \overline{A}) = P(S) = 1$.

性质 1 - 5（加法公式） 对于任意的两个事件 A,B 有

$$P(A \cup B) = P(A) + P(B) - P(AB)$$

证：因 $A \cup B = A \cup (B - AB)$，且 $A \cap (B - AB) = \phi$，由有限可加性与减法公式可知：

$$
\begin{aligned}
P(A \cup B) &= P(A \cup (B - AB)) \\
&= P(A) + P(B - AB) \\
&= P(A) + P(B) - P(AB)
\end{aligned}
$$

这条性质可以推广到多个事件. 设 $A_1, A_2, \ldots, A_n$ 是任意 n 个事件，则有

$$
\begin{aligned}
P(A_1 \cup A_2 \cup \ldots \cup A_n) = &\sum_{i=1}^{n} P(A_i) - \sum_{1 \leqslant i < j \leqslant n} P(A_i A_j) + \\
&\sum_{1 \leqslant i < j < k \leqslant n} P(A_i A_j A_k) + \ldots + (-1)^{n+1} P(A_1 A_2 \ldots A_n)
\end{aligned}
$$

【**例 1 - 2 - 2**】设事件 A,B 的概率分别为 $\dfrac{1}{3}$，$\dfrac{1}{2}$. 在下列三种情况下分别求 $P(B\overline{A})$ 的值：

（1）A 与 B 互斥.

（2）$A \subset B$.

（3）$P(AB) = \dfrac{1}{8}$.

解：由性质 $P(B\overline{A}) = P(B) - P(AB)$，得：

（1）因为 A 与 B 互斥，所以 $AB = \phi$，$P(B\bar{A}) = P(B) - P(AB) = P(B) = \dfrac{1}{2}$.

（2）因为 $A \subset B$；所以 $P(B\bar{A}) = P(B) - P(AB)$

$$= P(B) - P(A) = \frac{1}{2} - \frac{1}{3} = \frac{1}{6}.$$

（3）$P(B\bar{A}) = P(B) - P(AB) = \dfrac{1}{2} - \dfrac{1}{8} = \dfrac{3}{8}.$

第三节　等可能概型

一、古典概型（有限等可能概型）

古典概型是一种最简单、最直观的概率模型．如果随机试验 E 具有以下两个特性：

（1）样本空间的元素（基本事件）只有有限个，即：

$$S = \{\omega_1, \omega_2, \ldots, \omega_n\}$$

（2）每个基本事件发生的可能性相等（等可能性），即：

$$P(\omega_1) = P(\omega_2) = \ldots = P(\omega_n)$$

这种试验是概率论发展初期的主要研究对象，所以称为古典概型．

根据概率的性质，可以得到古典概型中事件 A 的概率，设在古典概型中，试验 E 共有 n 个基本事件，事件 A 包含了其中的 m 个基本事件，则事件 A 的概率为：

$$P(A) = \frac{m}{n} = \frac{A \text{ 中所含有的基本事件数}}{\text{样本空间中的基本事件总数}}$$

【例 $1-3-1$】一袋中有 10 个大小形状相同的球，其中 6 个黑色球，4 个白色球．现从袋中随机地取出两个球，求：

（1）取出的两球都是黑色球的概率．

（2）取出的两球一个黑球一个白球的概率．

解：（1）从 10 个球中取出两个，不同的取法有 C_{10}^2 种．若以 A 表示事件 {取出的两球是黑球}，那么使事件 A 发生的取法为 C_6^2 种，从而

$$P(A) = \frac{C_6^2}{C_{10}^2} = \frac{1}{3}$$

（2）从 10 个球中取出两个，不同的取法有 C_{10}^2 种．若以 B 表示事件 {取出的两球是一黑一白}，那么使事件 B 发生的取法为 $C_6^1 C_4^1$ 种，从而：

$$P(B) = \frac{C_6^1 C_4^1}{C_{10}^2} = \frac{8}{15}$$

【例 1 - 3 - 2】在箱中装有 50 个产品，其中有 2 个次品，为检查产品质量，从这箱产品中任意抽 5 个，求抽得 5 个产品中恰有一个次品的概率．

解：从 50 个产品中任意抽取 5 个产品，共有 C_{50}^5 种抽取方法，事件 $A = $ {有 1 个次品，4 个正品} 的取法共有 $C_2^1 C_{48}^4$ 种取法，故得事件 A 的概率为：

$$P(A) = \frac{C_2^1 C_{48}^4}{C_{50}^5} = \frac{9}{49}$$

【例 1 - 3 - 3】在前面我们介绍了双色球抽奖规则，现讨论以下问题：

（1）买一张彩票中一等奖的概率．

（2）买多少张彩票可以中一等奖．

（3）买一张彩票可以中奖的概率．

解：（1）从 33 个红球中选 6 个，顺序不限，共有 C_{33}^6 种抽取方法；从 16 个蓝球中选 1 个，共有 C_{16}^1 种抽取方法，利用乘法原理，双色球抽奖的基本事件一共有 $C_{33}^6 C_{16}^1$ 个，而一等奖只有唯一一种情况，设事件 $A_1 = $ {中一等奖}，故：

$$P(A_1) = \frac{1}{C_{33}^6 C_{16}^1} = \frac{1}{17721088} \approx 5.64 \times 10^{-8}$$

（2）从双色球的抽奖规则知，双色球抽奖的基本事件一共有 $C_{33}^6 C_{16}^1$ 个，因此只要买全所有可能的抽奖结果，就一定有一张中一等奖．即在一次性购买 17721088 张彩票，才能中得一等奖．

（3）设事件 $A_2 = $ {只中二等奖没有中一等奖}，事件 $A_3 = $ {中三等奖没

有中二等奖}，事件 $A_4 = \{$中四等奖没中三等奖$\}$，事件 $A_5 = \{$中五等奖没中四等奖$\}$，事件 $A_6 = \{$中六等奖没中五等奖$\}$，事件 $B = \{$中奖$\}$.

按照（1）的分析思路，有：

$$P(A_2) = \frac{C_{16}^1 - 1}{C_{33}^6 C_{16}^1} = \frac{15}{17721088} \approx 8.464 \times 10^{-7}$$

$$P(A_3) = \frac{C_6^5 C_{27}^1}{C_{33}^6 C_{16}^1} = \frac{162}{17721088} \approx 9.1417 \times 10^{-6}$$

$$P(A_4) = \frac{C_6^5 C_{27}^1 (C_{16}^1 - 1)}{C_{33}^6 C_{16}^1} + \frac{C_6^4 C_{27}^2}{C_{33}^6 C_{16}^1} = \frac{7695}{17721088} \approx 4.342284 \times 10^{-4}$$

$$P(A_5) = \frac{C_6^4 C_{27}^2 (C_{16}^1 - 1)}{C_{33}^6 C_{16}^1} + \frac{C_6^3 C_{27}^3}{C_{33}^6 C_{16}^1} = \frac{137475}{17721088} \approx 7.7577065 \times 10^{-3}$$

$$P(A_6) = \frac{C_6^2 C_{27}^4}{C_{33}^6 C_{16}^1} + \frac{C_6^1 C_{27}^5}{C_{33}^6 C_{16}^1} + \frac{C_{27}^6}{C_{33}^6 C_{16}^1} = \frac{1043640}{17721088} \approx 5.88925466 \times 10^{-2}$$

故 $P(B) = P(A_1) + P(A_2) + P(A_3) + P(A_4) + P(A_5) + P(A_6) \approx 0.067$.

这说明买一张彩票中奖的概率只有 0.067，这是一个比较小的概率. 一般来说，小概率事件在一次试验中实际上几乎是不发生的（称之为实际推断原理）. 所以只买一张彩票一般来说是不会中奖的.

💡思考：既然只买一张彩票不会中奖，那为什么每次双色球开奖总会有人中奖呢？

练习 1：某网店促销 250 条圣诞彩带，其中红色彩带 100 条，黄色彩带 80 条，金色彩带 70 条，该店以颜色随机挑选的方式配送给顾客. 现某顾客订了 3 条彩带，问这位顾客收到红色、黄色、金色各 1 条的概率是多少？

【例 1 - 3 - 4】假设每人的生日在一年 365 天中任一天是等可能的，即都等于 1/365，那么随机选取 n（不超过 365）个人他们的生日各不相同的概率为

$$\frac{365 \times 364 \times \ldots \times (365 - n + 1)}{365^n}$$

因而，n 个人中至少有两人生日相同的概率为

$$p = 1 - \frac{365 \times 364 \times \ldots \times (365 - n + 1)}{365^n}$$

64 个人的班级里，生日各不相同的概率为

$$p_1 = \frac{365 \times 364 \times \ldots \times (365 - 64 + 1)}{365^{64}}$$

至少有 2 人生日相同的概率为

$$p = 1 - \frac{365 \times 364 \times \ldots \times (365 - 64 + 1)}{365^{64}} = 0.997$$

二、几何概型（无限等可能概型）

古典概型是对有限等可能样本空间的讨论，在实际问题中常常碰到无限的样本空间．

如果一个试验 E 具有以下两个特点：

（1）样本空间 S 是一个可以计量的几何区域（如线段、平面、立体）．

（2）向区域内任意投一点，落在区域内任意点处都是"等可能的"．

则 A 是 E 中的任意随机事件，事件 A 的概率为

$$P(A) = \frac{A \text{ 的计量}}{S \text{ 的计量}}$$

上式所确定的概率称为几何概率．由这种方法所讨论的概率模型，称为几何概型．

【例 1－3－5】 假设某公交车站每 5 分钟就有一辆去 C 地的公交车停靠．乘客随机地到达该车站，搭乘去 C 地的公交车，问乘客等候时间 t 不超过 3 分钟的概率．

分析：乘客的可能候车时间为 $\{t \mid 0 \leqslant t \leqslant 5\}$，即 $S = \{t \mid 0 \leqslant t \leqslant 5\}$，样本空间有无限个基本事件．不可能用古典概型的办法来求其事件的概率．用 A 表示乘客等候时间 t 不超过 3 分钟，则 $A = \{t \mid 0 \leqslant t \leqslant 3\}$．注意到样本空间与事件 A 都可以用数轴上一条线段来表示，由此用 $\dfrac{\text{事件 } A \text{ 所对应的线段长度}}{S \text{ 所对应的线段长度}}$ 作为事件 A 的概率，即 $P(A) = \dfrac{3}{5}$．

【例 1－3－6】 甲乙两人相约某日上午 8～10 时在预定地点会面．先到

的人等候另一人30分钟后离去，求甲乙两人能会面的概率．

解：以 X，Y 分别表示甲、乙二人到达的时刻，于是有 $8 \leqslant X \leqslant 10$，$8 \leqslant Y \leqslant 10$；则 (X, Y) 可以表示为平面上的点，所有基本事件可以用平面上边长为2的一个正方形（$8 \leqslant X \leqslant 10$，$8 \leqslant Y \leqslant 10$）表示．二人能会面的充要条件是 $|X - Y| \leqslant 1/2$（图1-9中阴影部分）；所以所求的概率为：

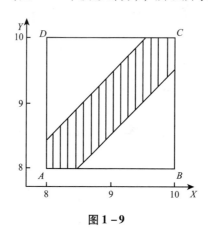

图 1-9

$$P = \frac{\text{阴影部分的面积}}{\text{正方形 } ABCD \text{ 的面积}} = \frac{4 - \frac{3}{2} \times \frac{3}{2}}{4} = \frac{7}{16}$$

练习2：小王购买的电子手写板长度为30厘米，宽度为20厘米，在试用的过程中小王发现有一个5厘米长、1厘米宽的区域手写板无法识别。假设小王随意地在手写板上画画，问手写板无法识别的概率是多大？

第四节　条件概率

在实际生活中，我们常常碰到这样的问题，就是已知某一事件发生，要求另一事件的概率．如在"猜拳游戏"中，如果对手在这一局出"石头"，我们自然希望知道对手在下一局再出"石头"的概率，以便进行有利的决策．

一、条件概率的定义

【例 1-4-1】设某家庭中有两个孩子（假设男、女孩出生率相同），若用 A 表示"该家庭中至少有一个女孩"，B 表示"该家庭中两个都是女孩". 求下列事件的概率：$P(A)$；$P(AB)$；已知其中一个是女孩，另一个也是女孩的概率.

解：用 G 代表女孩，用 T 代表男孩. 样本空间为 $\{GG, GT, TG, TT\}$，事件 A 为 $\{GG, GT, TG\}$，事件 B 为 $\{GG\}$. 所以：

（1）$P(A) = \dfrac{3}{4}$.

（2）$P(AB) = \dfrac{1}{4}$.

（3）当已知其中一个孩子是女孩时，该家庭的两个孩子只能是 GG，GT, TG 三种情况之一，另一个也是女孩就只有 GG 两个都是女孩这一种情况，所以已知其中一个是女孩，另一个也是女孩的概率为 $\dfrac{1}{3}$. 这个概率称为条件概率，即已知 A 发生的条件下事件 B 的概率，记为 $P(B|A)$.

从前面的分析可知 $P(B|A) = \dfrac{1}{3}$，另一方面 $\dfrac{P(AB)}{P(A)} = \dfrac{1}{3}$，故 $P(B|A) = \dfrac{P(AB)}{P(A)}$. 在这个等式的启发下，我们给出以下条件概率的定义.

定义 1-4 设 A, B 是同一样本空间中的两个事件，且 $P(A) > 0$，则称

$$P(B|A) = \frac{P(AB)}{P(A)}$$

为在事件 A 发生的条件下事件 B 发生的条件概率.

条件概率是在事件 A 发生的条件下讨论的概率，事件 A 的发生改变了原来的样本空间，所以条件概率是在一个新的样本空间中讨论的概率，它满足概率公理化定义中的三个条件. 当然所有概率的性质对于条件概率也是成立的.

从［例 1-4-1］可以看出，要求一个事件的条件概率有两种方法：

（1）在缩小后的样本空间 S_A 中计算 B 发生的概率 $P(B|A)$.

（2）在原样本空间 S 中，先计算 $P(AB),P(A)$，再按 $P(B\mid A)=\dfrac{P(AB)}{P(A)}$ 的定义计算，求得 $P(B\mid A)$.

【例1-4-2】 某人忘记了电话号码的最后一位数字，只记得是奇数. 求他拨号一次即可接通所需电话的概率.

解：用 A 表示最后一个数字是奇数，B 表示拨号一次即可接通所需电话.

解法一（缩小样本空间）：电话号码最后一位数是奇数的条件下，拨号只会从 $\{1,3,5,7,9\}$ 这五个数字中任选一个，而一次拨对所需号码就只有一种可能，故：

$$P(B\mid A)=\frac{1}{5}$$

解法二（条件概率的定义）：电话号码最后一位数字可以是 $0,1,\ldots,9$ 这 10 个数字中的任何一个，所以 $P(AB)=\dfrac{1}{10}$，$P(A)=\dfrac{1}{2}$，由此可得：

$$P(B\mid A)=\frac{P(AB)}{P(A)}=\frac{1}{5}$$

二、乘法定理

由条件概率的定义，可得下面的定理.

乘法定理 设 A,B 是同一样本空间中的两个事件，且 $P(A)>0$，则：

$$P(AB)=P(A)P(B\mid A)$$

这个公式称为乘法公式. 这个公式可以推广到多个事件的积事件概率的情况.

一般的，$A_1,A_2,\ldots,A_n$ 是 n 个事件，$n\geqslant 2$，且 $P(A_1,A_2,\ldots,A_n)>0$，则有：

$$P(A_1\ldots A_n)=P(A_1)P(A_2\mid A_1)P(A_3\mid A_1A_2)\ldots P(A_n\mid A_1\ldots A_{n-1})$$

【例1-4-3】 某学校的概率与数理统计期末考试每人可参加 2 次，张强第一次参加能通过的概率为 60%；如果第一次未通过就去参加第二次，这时能通过的概率为 80%. 只要通过一次考核就认为该课程考核合格，求张强概率与数理统计期末考核合格的概率.

解：用 A_i 表示张强第 i 次通过概率与数理统计期末考核 $(i=1,2)$，张强概率与数理统计期末考核合格可表示为 $A_1 \cup A_2$，即 $A_1 \cup \overline{A_1} A_2$. 由已知，$P(A_1)=0.6$，$P(A_2|\overline{A_1})=0.8$，用乘法公式可得 $P(A_2)=P(\overline{A_1}A_2)=P(\overline{A_1})P(A_2|\overline{A_1})=0.32$. 所以：

$$P(A_1 \cup A_2) = P(A_1 \cup \overline{A_1} A_2)$$
$$= P(A_1) + P(\overline{A_1}A_2) = 0.92$$

这种将一个事件分解为若干个互不相容事件之和，再利用加法公式和乘法公式求其概率的方法，在实际应用中非常广泛. 这种方法一般化后就是下面的全概率公式.

三、全概率公式

定义 1 - 5 设 S 为试验 E 的样本空间，$A_1, A_2, \ldots, A_n$ 为 E 的一组事件. 若：

（1）$A_1, A_2, \ldots, A_n$ 两两互不相容.

（2）$A_1 \cup A_2 \cup \ldots \cup A_n = S$.

则称 $A_1, A_2, \ldots, A_n$ 为样本空间 S 的一个划分.

定理 1 - 1 设 $A_1, A_2, \ldots, A_n$ 为样本空间 S 的一个事件组，且满足：

（1）$A_1, A_2, \ldots, A_n$ 互不相容，且 $P(A_i) > 0 (i=1,2,\ldots,n)$.

（2）$A_1 \cup A_2 \cup \ldots \cup A_n = S$.

则对 S 中的任意一个事件 B 都有：

$$P(B) = P(A_1)P(B|A_1) + P(A_2)P(B|A_2) + \ldots + P(A_n)P(B|A_n)$$

这个公式称为全概率公式.

证明：因为 $B = BS = B(A_1 \cup A_2 \cup \ldots \cup A_n) = BA_1 \cup BA_2 \cup \ldots \cup BA_n$. 由假设 $A_1, A_2, \ldots, A_n$ 互不相容，且 $P(A_i) > 0 (i=1,2,\ldots,n)$，则 $BA_1, BA_2, \ldots, BA_n$ 互不相容. 则：

$$P(B) = P(BA_1 \cup BA_2 \cup \ldots \cup BA_n)$$
$$= P(BA_1) + P(BA_2) + \ldots + P(BA_n)$$
$$= P(A_1)P(B|A_1) + P(A_2)P(B|A_2) + \ldots + P(A_n)P(B|A_n)$$

【例 1 - 4 - 4】某保险公司把被保险人分为三类："安全的""一般的""危险的". 统计资料显示，对于上述三种人而言，在一年期间卷入某一次事故的概率依次为 0.05，0.15 和 0.30. 如果被保险人中"安全的""一般的""危险的"分别占 15%，55%，30%，试问：

（1）任一被保险人在固定的一年中出事故的概率是多少？

（2）如果某被保险人在某年内发生了事故，他属于"安全的"一类的概率是多少？

解：设用 A 表示被保险人出事故，用 $B_i(i = 1,2,3)$ 分别表示被保险人是"安全的""一般的""危险的".

由已知，$P(B_1) = 0.15, P(B_2) = 0.55, P(B_3) = 0.30$，

$$P(A|B_1) = 0.05, P(A|B_2) = 0.15, P(A|B_3) = 0.30$$

（1）由全概率公式可得：

$$P(A) = P(B_1)P(A|B_1) + P(B_2)P(A|B_2) + P(B_3)P(A|B_3)$$
$$= 0.15 \times 0.05 + 0.55 \times 0.15 + 0.3 \times 0.3$$
$$= 0.18$$

（2）由条件概率的定义知：

$$P(B_1|A) = \frac{P(AB_1)}{P(A)} = \frac{P(B_1)P(A|B_1)}{P(A)} = \frac{0.15 \times 0.05}{0.18} \approx 0.042$$

[例 1 - 4 - 4] 中的第一问得到了保险公司针对目前的客户群体赔付的可能性，而第二个问题在发生事故的条件下，重新修正了是"安全的"一类客户的概率. 这实际上就是非常有名的"贝叶斯公式".

四、贝叶斯公式

定理 1 - 2 设 B 是样本空间 S 的事件，$A_1, A_2, \ldots, A_n$ 为样本空间 S 的一个事件组，且满足：

（1）$A_1, A_2, \ldots, A_n$ 互不相容，且 $P(A_i) > 0(i = 1, 2, \ldots, n)$.

（2）$A_1 \cup A_2 \cup \ldots \cup A_n = S$.

则：

$$P(A_i \mid B) = \frac{P(A_i B)}{P(B)}$$

$$= \frac{P(A_i)P(B \mid A_i)}{P(A_1)P(B \mid A_1) + \ldots + P(A_n)P(B \mid A_n)}, (i = 1, 2, \ldots, n)$$

这个公式称为贝叶斯公式. 已知出现试验"结果" B，要推断哪一种"原因" A_i 产生"结果" B 的可能性大. 这里的 $P(A_i)$ 是试验之前产生的，称为先验概率，它反映了各种"原因"发生可能性的大小；而 $P(A_i \mid B)$ 是在确定"结果" B 产生后，追究"原因" A_i 发生可能性的大小，这个概率称为后验概率，是在试验之后才确定的.

【例 1 - 4 - 5】已知人群中肝癌患者占 0.04%. 用甲胎蛋白试验法进行普查，肝癌患者显示阳性反应的概率为 95%，非肝癌患者显示阳性反应的概率为 4%. 现有一人用甲胎蛋白试验法检查，查出是阳性，他确实是肝癌患者的概率是多少？

解：设 A 表示甲胎蛋白检验为阳性，B 表示肝癌患者，则：

$$P(B) = 0.04\%, P(\bar{B}) = 99.96\%, P(A \mid B) = 95\%, P(A \mid \bar{B}) = 4\%$$

由贝叶斯公式可得：

$$P(B \mid A) = \frac{P(A \mid B)P(B)}{P(A \mid B)P(B) + P(A \mid \bar{B})P(\bar{B})} \approx 0.94\%$$

这说明甲胎蛋白检查呈阳性，患肝癌的概率仅为 0.94%；也就是说即使甲胎蛋白检查呈阳性患肝癌的可能性也很小.

💡思考：既然甲胎蛋白检查呈阳性，患肝癌的可能性仍然非常的小，为什么医学上还要使用该方法来进行检查？

【例 1 - 4 - 6】据调查研究，在"猜拳游戏"中大多数人都不会连续出同一种拳. 假设对手在第一局游戏中出"石头"，第二局中，他出"剪刀"的概率为 p，出"布"的概率为 $1 - p$. 那么第二局我们出"石头"赢的概率是多少？

解：用 $A_{ij}(i=1,2,3;j=1,2,3\dots)$ 分别表示对手第 j 局游戏中出石头、剪刀、布，用 $B_{ij}(i=1,2,3;j=1,2,3\dots)$ 分别表示我们第 j 局游戏中出石头、剪刀、布获胜. 由已知，$P(A_{12})=0,P(A_{22})=p,P(A_{32})=1-p$，得：

$$P(B_{12}|A_{22})=1,P(B_{12}|A_{32})=0$$

所以由全概率公式可得：

$$P(B_{12})=P(B_{12}|A_{22})P(A_{22})+P(B_{12}|A_{32})P(A_{32})=p$$

在"猜拳游戏"中，如果对手第一局出石头，第二局我们出石头获胜的概率与对方出剪刀的概率相同.

因为大多数人都不会连续出同一种拳，所以对手第一局出石头，第二局就可能出剪刀或布，我们只要在第二局出剪刀即可保障不输；如果第二局我们出剪刀打成平局，则在第三局中对手就可能出布或石头，我们只要出布就可以增加获胜的概率，依次类推. 有些同学可能会发现我们获胜的策略是建立在对手第一局出石头的假设之上的，而实际游戏中，对手第一局不一定出石头. 根据大量的统计资料可知，大多数人在第一局游戏中倾向于出石头或布，因此我们在第一局中只要出布就可以"不输"，进而再采用上面讨论的方法进行游戏即可增加获胜的可能性.

第五节   事件的独立性与伯努利概型

从条件概率可知，对于同一样本空间中的两个事件 A,B，若 $P(A)>0$，则有 $P(B|A)=\dfrac{P(AB)}{P(A)}$. 一般说来 $P(B|A)\neq P(B)$，但在某些情况下，有 $P(B|A)=P(B)$，则说明 B 事件发生的概率不受 A 事件是否发生的影响. 此时，我们称 A 和 B 两个事件相互独立.

一、两个事件的独立性

定义 1-6　对任意两个随机事件 A 和 B，若满足：

$$P(AB)=P(A)P(B)$$

则称事件 A 与 B 是相互独立的，简称为 A,B 独立.

对于两事件相互独立，我们说明两点：

（1）事件 A,B 相互独立与 A,B 互不相容有着本质的区别：事件的相互独立关系表征"事件发生的概率相互没有影响"；事件间的互不相容关系表征"（一次实验）事件不能同时发生".

（2）在实际问题中，对于事件的独立性常常不是根据定义来判断，而是根据经验或直观来判断. 例如，"某班学习委员获得国家励志奖学金"与"国家主席出国访问"之间相互没有影响，即可以认为相互独立.

💡**思考：**彩票"双色球"，周二开出的中奖号码与周四开出的中奖号码是否相互独立？

定理 1-3 若两事件 A,B 相互独立，则 $\overline{A}$ 与 B，A 与 $\overline{B}$，$\overline{A}$ 与 $\overline{B}$ 亦相互独立.

证明：事件 A,B 独立，则 $P(AB) = P(A)P(B)$. 即 $A = AB \cup A\overline{B}$，从而：

$$
\begin{aligned}
P(A\overline{B}) &= P(A) - P(AB) \\
&= P(A) - P(AB) \\
&= P(A) - P(A)P(B) \\
&= P(A)[1 - P(B)] \\
&= P(A)P(\overline{B})
\end{aligned}
$$

所以事件 A 与 $\overline{B}$ 相互独立. 进而可得 $\overline{A}$ 与 B 相互独立. 再由 $\overline{\overline{B}} = B$，最后得 $\overline{A}$ 与 $\overline{B}$ 亦相互独立.

【例 1-5-1】 现有 10 张彩票，其中 5 张"发"，3 张"财"，其余都是"谢谢". 规定只有同时摸到"发""财"才算中奖.

（1）甲、乙两人依次不放回地连续抽取两张，求甲、乙两人都中奖的概率.

（2）甲、乙两人依次有放回地连续抽取两次，求甲、乙两人至少有一人中奖的概率.

解：设事件 A 为"甲中奖"，事件 B 为"乙中奖".

（1）不放回抽样：

$$P(AB) = P(A)P(B \mid A) = \frac{C_5^1 C_3^1}{C_{10}^2} \times \frac{C_4^1 C_2^1}{C_8^2} = \frac{2}{21} \approx 0.095$$

（2）由于是有放回抽样，故 A 与 B 是相互独立的.

$$P(A) = \frac{5 \times 3}{10 \times 10} = \frac{3}{20}, \; P(B) = \frac{3}{20}, P(AB) = P(A)P(B) = \frac{3}{20} \times \frac{3}{20} = \frac{9}{400}$$

所以：

$$P(A \cup B) = P(A) + P(B) - P(AB)$$

$$= \frac{3}{20} + \frac{3}{20} - \frac{9}{400} = \frac{111}{400}$$

两个事件相互独立的定义可以推广到三个及三个以上事件的情形.

二、多个事件的独立性

定义 1-7 对任意 $n(n \geq 2)$ 个事件 $A_1, A_2, \ldots, A_n$，若

$$P(A_i A_j) = P(A_i)P(A_j), 1 \leq i < j \leq n$$

则称这 n 个事件两两相互独立.

如果对于任意的 $m(1 < m \leq n)$ 个事件 $A_{i_1}, A_{i_2}, \ldots, A_{i_m}$，都有

$$P(A_{i_1} A_{i_2} \ldots A_{i_m}) = P(A_{i_1})P(A_{i_2}) \ldots P(A_{i_m})$$

则称这 n 个事件相互独立.

容易知道，若 n 个随机事件相互独立，则有 n 个随机事件两两独立，但反之不成立；若 n 个事件相互独立，则它们之中任意 m 个事件相互独立.

特别地，三个事件 A，B，C 相互独立需要满足

$$\begin{cases} P(AB) = P(A)P(B) \\ P(BC) = P(B)P(C) \\ P(AC) = P(A)P(C) \\ P(ABC) = P(A)P(B)P(C) \end{cases}$$

四个等式.

一般情况下，前面三个等式成立并不能推出第四个等式的成立.

【例 1 - 5 - 2】加工某种零件需要经过三道工序，设三道工序的次品率分别为 2%、1%、5%，假设各道工序是互不影响的. 求加工出来零件的次品率.

解：设事件 $A_i(i=1,2,3)$ 为"第 i 道工序出现次品"，则由题意知 A_1,A_2,A_3 相互独立，且 $P(A_1)=0.02,P(A_2)=0.01,P(A_3)=0.05$.

又设 A 为"加工出来的零件是次品"，则 $A=A_1 \cup A_2 \cup A_3$.

再由对立事件的概率运算得：

$$\begin{aligned} P(A) &= 1 - P(\bar{A}) \\ &= 1 - P(\overline{A_1 \cup A_2 \cup A_3}) \\ &= 1 - P(\overline{A_1}\,\overline{A_2}\,\overline{A_3}) \\ &= 1 - P(\overline{A_1})P(\overline{A_2})P(\overline{A_3}) \\ &= 1 - (1-0.02)(1-0.01)(1-0.05) \\ &= 0.0783 \end{aligned}$$

【例 1 - 5 - 3】甲、乙两人进行乒乓球比赛，每局甲胜的概率为 p，$p \geqslant \dfrac{1}{2}$，对甲而言，采用三局二胜制有利，还是采取五局三胜制有利？设各局胜负相互独立.

分析：对于三局两胜制，甲最终获胜，则比赛的次数可能为两次或三次，意味甲参加两场比赛获胜即前两局都胜，参加三场比赛获胜即第二局失败或者第一局失败；对于五局三胜制，甲最终获胜，则比赛的次数可能为三次或四次或五次，意味甲参加三场比赛获胜即前三场都胜，参加四场比赛获胜即前三场有两次胜利且第四场胜利，参加五场比赛获胜即前四场有两场胜利且第五场胜利.

解：设事件 $A_i = \{$第 i 局甲胜$\}$，$i=1,2,\ldots,5$；事件 $A = \{$甲胜$\}$. $B_{jk} = \{$前 j 局有 k 胜$\}$，$j \geqslant k=1,2,\ldots,5$. 则 $P(A_i)=p$.

（1）三局二胜制：

$$P(A) = P(A_1A_2 \cup A_1\bar{A_2}A_3 \cup \bar{A_1}A_2A_3) = p^2 + 2p^2(1-p) \triangleq p_1$$

（2）五局三胜制：

$$\begin{aligned} P(A) &= P(A_1A_2A_3 \cup B_{32}A_4 \cup B_{42}A_5) \\ &= p^3 + C_3^2 p^3(1-p) + C_4^2 p^3(1-p)^2 \triangleq p_2 \end{aligned}$$

故 $p_2 - p_1 = 3p^2(p-1)^2(2p-1)$.

进而可得，当 $p > \dfrac{1}{2}$ 时，有 $p_2 > p_1$，即五局三胜制有利；当 $p = \dfrac{1}{2}$ 时，有 $p_2 = p_1$，即三局两胜制与五局三胜制利弊相同．

概率论与数理统计的许多内容都是在事件独立性的前提下讨论的．实际应用中，如果事件之间的关联很微弱，我们则可以在误差容许的范围内将其视为独立的，以方便问题的解决．

练习 1：已知诸葛亮解出问题的概率为 0.8，"臭皮匠"老大解出问题的概率为 0.5，老二为 0.45．假设每个人都能独立地解出问题，问老三解出问题的概率为多少时，可以符合"三个臭皮匠抵得上一个诸葛亮"的俗语．

三、伯努利概型

在许多问题中，我们对试验感兴趣的是试验中某事件是否发生．例如，概率与数理统计的期末考试成绩，关心的是"及格"还是"不及格"；种在土壤中的种子是"发芽"还是"不发芽"；抽取的产品是"合格"还是"不合格"；比赛的结果是"胜"还是"负"……在这类问题中，试验的可能结果只有两个，或者 A 发生或者 A 不发生即 $\bar{A}$ 发生，这种只有两个可能结果 A 与 $\bar{A}$ 的试验称为伯努利试验．在伯努利试验中，如果 $P(A) = p$，则 $P(\bar{A}) = 1 - p = q, 0 \leqslant p \leqslant 1.$

定义 1 - 8 将伯努利试验独立重复地进行 n 次，则称这一串重复的独立试验为 n 重伯努利试验．这种试验所对应的概率模型称为伯努利概型．

这里的"独立"是指各次随机试验的结果互不影响；"重复"是指在每次试验中 $P(A) = p$ 的概率保持不变．

定理 1 - 4（伯努利定理） 设在一次试验中事件 A 发生的概率为 $p(0 < p < 1)$，则在 n 重伯努利试验中事件 A 恰好发生 k 次的概率为：

$$P_n(k) = C_n^k p^k (1 - p)^{n-k}, k = 0, 1, 2, \ldots, n$$

证明：设事件 A 在 n 次试验中发生了 k 次，事件 A_i 为"在第 $i(i = 1, 2, \ldots, n)$ 次试验中事件 A 发生"．由于各次试验是相互独立的，因此事件 A 在指定的 k 次试验中发生，在其他 $n - k$ 次试验中 A 不发生（不妨设在前 k 次试验中 A 发生，而后 $n - k$ 次试验中 A 不发生）的概率为：

$$P(A_1 A_2 \ldots A_k \overline{A_{k+1}} \ldots \overline{A_n}) = P(A_1)P(A_2) \ldots P(A_k)P(\overline{A_{k+1}}) \ldots P(\overline{A_n})$$
$$= p^k(1-p)^{n-k}$$

这种指定的方式共有 C_n^k 种，它们是两两互不相容的，故在 n 次试验中 A 发生 k 次的概率为 $P_n(k) = C_n^k p^k (1-p)^{n-k}, k = 0, 1, 2, \ldots, n$，记 $q = 1 - p$，即有：

$$P_n(k) = C_n^k p^k q^{n-k}$$

从上式可以看出，$C_n^k p^k q^{n-k}$ 恰好是二项式 $(p+q)^n$ 的展开式中出现 p^k 的那一项，因此，也称 $P_n(k)$ 为二项概率且 $\sum_{k=0}^{n} C_n^k p^k q^{n-k} = 1$.

【例 1 - 5 - 4】一次测验，试卷上有 10 道选择题，每道选择题有 4 个可供选择的答案其中一个为正确答案，某位学生想碰运气，求他能及格的概率.

解：设事件 A 为"选对"，事件 $\overline{A}$ 为"选错"，事件 A_i 为"10 道题中选对了 i 道"（$i = 0, 1, 2, \ldots, 10$），事件 C 为"考试及格"，则：

$$P(A) = 0.25, P(\overline{A}) = 1 - P(A) = 0.75 \text{ 且 } C = A_6 \cup A_7 \cup A_8 \cup A_9 \cup A_{10}$$
$$P(C) = P(A_6) + P(A_7) + P(A_8) + P(A_9) + P(A_{10})$$
$$= C_{10}^6 0.25^6 0.75^4 + C_{10}^7 0.25^7 0.75^3 + C_{10}^8 0.25^8 0.75^2$$
$$+ C_{10}^9 0.25^9 0.75 + C_{10}^{10} 0.25^{10} 0.75^0$$
$$= 0.0197$$

所以该学生能蒙混过关的可能性为 1.97%.

【例 1 - 5 - 5】（德·梅耳问题）将一枚骰子连掷四次至少出现一个六点的可能性，要比同时将两枚骰子掷 24 次至少出现一次双六的可能性要大.

解：用 A 表示掷一枚骰子一次出现六点，用 B 表示掷两枚骰子一次出现双六；用 A_4 表示将一枚骰子连掷四次至少出现一个六点，用 B_{24} 表示将两枚骰子掷 24 次至少出现一次双六. 由古典概型，$P(A) = \dfrac{1}{6}$，$P(B) = \dfrac{1}{36}$，将一枚骰子连掷四次观察出现六点的次数就是 4 重的伯努利概型，将两枚骰子掷 24 次观察出现双六的次数是 24 重的伯努利概型. 由伯努利概型：

$$P(A_4) = 1 - (1 - P(A))^4 = 1 - \left(\frac{5}{6}\right)^4 \approx 0.5177$$

$$P(B_{24}) = 1 - (1 - P(B))^{24} = 1 - \left(\frac{35}{36}\right)^{24} \approx 0.4914$$

所以 $P(A_4) > P(B_{24})$.

【例 1-5-6】 双色球每次开奖一张彩票中奖的概率为 $p = 0.067$（参见古典概型）. 假设每次开奖前只买一张，问至少需要买多少张彩票才能使中奖的概率不小于 0.95？

分析：购买彩票的结果要么中奖，要么不中奖，所以购买 n 张彩票，就是 n 重伯努利试验.

解：设需要买 n 张彩票，k 表示中奖的次数，事件 A 表示"中奖"，则：

$$\begin{aligned} P(A) &= 1 - P_n(0) \\ &= 1 - C_n^0 p^0 (1-p)^n \\ &= 1 - (1-p)^n \geqslant 0.95 \end{aligned}$$

所以 $n \geqslant \dfrac{\ln 0.05}{\ln(1-p)} \approx 43.2$

因此至少要买 44 张彩票才能使中奖的概率不小于 0.95. 这就是说至少买 44 张彩票才能以 95% 的概率确保中奖.

从事件 A 的概率 $1 - (1-p)^n$，可以看出随着 n 的增大，中奖的概率也就增大，当买 100 张彩票时，中奖的概率已经是 99.9%. 由此可见小概率事件虽然在一次试验中实际不发生，但在大量重复的试验中必然发生. 概率越小的事件导致必然发生的试验次数也就越多.

因为双色球的各次开奖是相互独立的，所以研究双色球的走势图对中奖实际上是没有影响的，这也就是说某些机构宣称可以对双色球的中奖号码进行预测也是不可信的.

💡**思考：** 为什么在一次开奖中只需要买 16 张彩票就可以确保中奖，而不同的开奖中却至少需要买 44 张才能以 95% 的概率确保中奖？小概率事件在大量重复的试验中必然会发生，那么我们是不是可以坚持不懈地买彩票直到中 500 万呢？

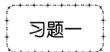

本章学习目标自检

1. 理解随机事件的定义.

2. 熟练掌握随机事件的关系和运算.

3. 熟练掌握概率的性质.

4. 熟练掌握古典概型.

5. 理解条件概率的定义.

6. 熟练掌握乘法公式、全概率公式、贝叶斯公式.

7. 掌握事件的独立性、伯努利概型.

习题一

一、填空题

1. 设 A，B，C 为三事件，用 A，B，C 运算关系表示：

（1）A 发生而 B 与 C 不发生为＿＿＿＿＿＿＿＿＿；

（2）A，B，C 中恰好发生一个＿＿＿＿＿＿＿；

（3）A，B，C 中至少有一个发生＿＿＿＿＿＿＿＿；

（4）A，B，C 中恰好有两个发生＿＿＿＿＿＿；

（5）A，B，C 中有不多于一个事件发生＿＿＿＿＿＿.

2. 连续抛一枚均匀硬币 4 次，则正面至少出现一次的概率为

＿＿＿＿.

3. 已知 $P(A)=0.7$，$P(B)=0.5$，$P(A-B)=0.3$，则 $P(AB)=$ ＿＿，

$P(B-A)=$ ＿＿＿＿，$P(\bar{A}\,\bar{B})=$ ＿＿＿＿.

4. 某人工作一天出废品的概率为 0.03，则工作四天中仅有一天出废品

的概率为＿＿＿＿.

5. 设 A 与 B 为两个事件，$P(A)=0.3$，$P(B)=0.8$，$P(\bar{A}B)=0.5$，

则 $P(B\mid A)=$ ＿＿＿＿.

6. 设 A，B，C 构成随机试验 E 的样本空间的一个划分，且 $P(A)=0.5$，

$P(\bar{B})=0.7$，则 $P(C)=$ _____，$P(AB)=$ _____．

7. 已知某地区人群吸烟的概率是 0.2，不吸烟的概率是 0.8，若吸烟使人患某种疾病的概率为 0.008，不吸烟使人患该种疾病的概率是 0.001，则该人群患这种疾病的概率等于_____．

8. 设 A 与 B 为两个相互独立的事件，$P(A)=0.4$，$P(A\cup B)=0.7$，$P(B)=$ _____．

二、单选题

1. 设 A 与 B 是两随机事件，则 $\overline{AB}$ 表示（　　）．

  A. A 与 B 都不发生　　　　　　B. A 与 B 同时发生

  C. A 与 B 中至少有一个发生　　D. A 与 B 中至少有一个不发生

2. 某人射击三次，其命中率为 0.7，则三次中至多击中一次的概率为（　　）．

  A. 0.027　　　B. 0.081　　　C. 0.189　　　D. 0.216

3. 设 $P(A)=a, P(B)=b, P(A\cup B)=c$，则 $P(A\bar{B})$ 为（　　）．

  A. $a-b$　　B. $c-b$　　C. $a(1-b)$　　D. $a(1-c)$

4. 若 A 与 B 是两个互不相容的事件 $P(A)>0, P(B)>0$，则一定有（　　）．

  A. $P(A)=1-P(B)$　　　　　B. $P(A\mid B)=0$

  C. $P(A\mid \bar{B})=1$　　　　　D. $P(\bar{A}\mid B)=0$

5. 对于事件 A,B，下列命题正确的是（　　）．

  A. 若 A,B 互不相容，则 $\bar{A},\bar{B}$ 也互不相容

  B. 若 A,B 相容，则 $\bar{A},\bar{B}$ 也相容

  C. 若 A,B 互不相容且概率都大于零，则 A,B 也相互独立

  D. 若 A,B 相互独立，则 $A,\bar{B}$ 也相互独立

三、计算题

1. 设 A,B 是两事件，且 $P(A)=0.6$，$P(B)=0.7$，试回答下列问题．

（1）在什么条件下 $P(AB)$ 取到最大值？最大值是多少？

（2）在什么条件下 $P(AB)$ 取到最小值？最小值是多少？

2. 把 2，3，4，5 诸数各写在一张小纸片上，任取其三而排成自左向右的次序，求所得数是偶数的概率．

3. 一俱乐部有 5 名一年级学生，2 名二年级学生，3 名三年级学生，2

名四年级学生.

（1）在其中任选 4 名学生，求一、二、三、四年级的学生各一名的概率.

（2）在其中任选 5 名学生，求一、二、三、四年级的学生均包含在内的概率.

4. 一幢 10 层楼的楼房中的一架电梯，在底层上 7 位乘客. 电梯在每一层都停，乘客从第二层起离开电梯，假设每位乘客在哪一层离开电梯是等可能的. 求没有两位及两位以上乘客在同一层离开的概率.

5. 某人午睡醒来，发觉表停了，他打开收音机，想听电台报时，设电台每半个小时会报时一次. 求他（她）等待时间短于 10 分钟的概率.

6. 现有两种报警系统 A 和 B，每种系统单独使用时，系统 A 有效的概率为 0.92，系统 B 的有效概率为 0.93，在 A 失灵的条件下，B 有效的概率为 0.85. 求：

（1）这两个系统至少有一个有效的概率；

（2）在 B 失灵条件下，A 有效的概率.

7. 有两个袋子，每个袋子都装有 a 只黑球，b 只白球，从第一个袋中任取一球放入第二个袋中，然后从第二个袋中取出一球. 求取得黑球的概率是多少？

8. 一个机床有 1/3 的时间加工零件 A，其余时间加工零件 B. 加工零件 A 时，停机的概率是 0.3，加工零件 B 时，停机的概率是 0.4. 求这个机床停机的概率.

9. 有朋友自远方来访，他乘火车、轮船、汽车、飞机来的概率分别是 0.3，0.2，0.1，0.4. 如果他乘火车、轮船、汽车来的话，迟到的概率分别是 1/4，1/3，1/12，而乘飞机则不会迟到. 结果他迟到了，试问他是乘火车来的概率是多少？

10. 据美国的一份资料显示，在美国患肺癌的概率为 0.1%，在人群中有 20% 是吸烟者，他们患肺癌的概率为 0.4%. 问：

（1）不吸烟者患肺癌的概率是多少？

（2）如果某人查出患有肺癌，那么他是吸烟者的概率是多少？

11. 加工一个产品要经过三道工序，第一、二、三道工序不出现废品的概率分别是 0.9，0.95，0.8. 若假定各工序是否出废品相互独立，求经过三道工序而不出现废品的概率.

12. 三个人独立地破译一个密码,他们能译出的概率分别是 0.2,1/3,0.25. 求密码被破译的概率.

第二章 随机变量及其分布

┌─────────────────────────┐
│   要解决的实际问题   │
└─────────────────────────┘

一、工作效率决策

重庆某工厂有 80 台同类型设备，各台工作是相互独立的，发生故障的概率都是 0.01，且一台设备的故障能由一人处理．为了提高设备维修的效率，节省人力资源，考虑两种配备维修工人的方法：其一是由 4 人维护，每人负责 20 台；其二是由 3 人共同维护 80 台．这两种配备维修工人的方法哪种更好？

二、看电影买票决策

3 个朋友去看电影，他们决定用抛掷硬币的方式确定谁买票．每人掷一枚硬币，如果有人掷出的结果与其他两人不一样，那么由他买票；如果三个人掷出的结果是一样的，那么重新掷，一直这样下去，直到确定了由谁来买票．探讨以下两种现象出现的概率：

（1）进行到第二轮，确定了由谁来买票．

（2）进行了三轮还没确定买票的人．

需要的知识与方法

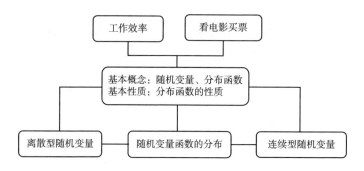

第一节 随机变量

由第一章的随机试验可以看出，有些随机试验的结果本身与数值有关；有些试验结果看来与数值无关，但可以引入一个变量来表示随机试验的结果，也就是说可以把试验结果数值化.

【例 2 - 1 - 1】 袋中有 3 只黑球，2 只白球，从中任意取出 3 只球，观察取出的 3 只球中黑球的个数. 若用 A_i 表示取出黑球 i 个（$i = 1, 2, 3$），则该试验的样本空间为 $S = \{A_1, A_2, A_3\}$.

取出的黑球数若用 X 表示，显然 X 会随试验结果的不同而不同. 如 A_1 发生，则 $X = 1$；A_2 发生，则 $X = 2$；A_3 发生，则 $X = 3$. 这就是说 X 是随试验结果的变化而变化的量，这样的变量就称为随机变量.

定义 2 - 1 设随机试验 E 的样本空间为 S，若对于任意样本点 $\omega \in S$，都有唯一实数 $X(\omega)$ 与之对应，则称 $X(\omega)$ 为随机变量，简记为 X.

随机变量通常用大写字母 X，Y，Z 等表示，而表示随机变量所取的值时，一般采用小写字母 x，y，z 等.

随机变量是定义在样本空间上的单值实函数，在试验之前只知道它可能的取值范围，而不能预先确定它取哪个值；随机试验结果的出现具有一定的概率，故随机变量取每个值和每个确定范围内的值也有一定的概率.

例如，[例2－1－1] 定义的随机变量 X，$\{X=2\}$ 表示事件 A_2，$\{X\leqslant 2\}$ 表示事件 $A_1\cup A_2$，由已知条件可得 $P(A_2)=\dfrac{6}{10}$，$P(A_1\cup A_2)=\dfrac{9}{10}$，故 $P\{X=2\}=P(A_2)=\dfrac{6}{10}$，$P\{X\leqslant 2\}=P(A_1\cup A_2)=\dfrac{9}{10}$.

【例2－1－2】 将一枚硬币抛掷三次，观察正面 H、反面 T 出现情况的试验. 记出现正面 H 的总次数为 X，则 X 为随机变量. 易知，使得 $\{X=2\}$ 的样本点构成的随机事件 $A=\{HHT,HTH,THH\}$，故 $P\{X=2\}=P(A)=\dfrac{3}{8}$.

类似地，有 $P\{X\leqslant 1\}=P\{HTT,THT,TTH,TTT\}=\dfrac{4}{8}$.

注意：[例2－1－1]、[例2－1－2] 中随机变量可能的取值是有限个的.

【例2－1－3】 上午 8：00～9：00 在某路口观察通过的汽车数，用 X 表示该时间间隔内通过的汽车数. 则 X 是一个随机变量，它的所有可能取值为 0，1，….

由题意知，$\{X<100\}$ 表示"通过的汽车数小于 100 辆"，"通过的汽车数多于 50 辆但不超过 100 辆"可用 $\{50<X\leqslant 100\}$ 表示.

【例2－1－4】 在测试灯泡寿命的试验中，灯泡的实际使用寿命 t 可能是 $[0,+\infty)$ 中任何一个实数，若用 X 表示灯泡的寿命（小时），则 X 是定义在样本空间 $S=\{t\mid t\geqslant 0\}$ 上的单值实函数，即 $X=X(t)=t$ 是随机变量.

注意：[例2－1－4] 中随机变量的取值有无穷多个，且可充满一个区间.

练习 1：假设某公交车站每 5 分钟就有一辆去 C 地的公交车停靠. 乘客随机地到达该车站，搭乘去 C 地的公交车. 若用 X 表示乘客的候车时间，试问 X 是随机变量吗？如果是，试求 $P\{X\leqslant 2.5\}$.

随机变量的引入，使随机试验中的随机事件可用随机变量在一定范围内的取值来表示. 也就将样本空间与实数集、随机事件与区间联系起来，进而可以用高等数学的方法来研究概率.

第二节　离散型随机变量

第一节 [例2－1－1] 中的随机变量只取 1，2，3 这三个值，[例2－1－3]

中的随机变量"在某路口观察通过的汽车数"取值为 $0,1,2,\ldots$，是无限可列个值，这种取值为有限个或无限可列个的随机变量称为离散型随机变量. ［例 2 - 1 - 4］中的随机变量"灯泡的使用寿命"的取值充满一个区间，是无法按一定的次序一一列举出来，所以它不是一个离散型随机变量.

一、离散型随机变量及其分布列

定义 2 - 2 设离散型随机变量 X 的全部可能取值为 $x_1,x_2,\ldots,x_k,\ldots$，若 X 取各个可能取值的概率，即事件 $\{X=x_k\}$ 的概率为 p_k，则

$$P\{X=x_k\}=p_k, k=1,2,\ldots \tag{2-1}$$

式（2-1）称为随机变量 X 的分布律，分布律也可以用表 2 - 1 表示.

表 2 - 1

X	x_1	x_2	$\cdots$	x_k	$\cdots$
P	p_1	p_2	$\cdots$	p_k	$\cdots$

注意：离散型随机变量 X 可完全由其分布律来刻画. 即离散型随机变量可完全由其可能的取值以及取这些值的概率唯一确定.

由概率的定义知，离散型随机变量 X 的分布律具有如下两条性质：

（1）非负性：$p_k \geq 0$；$k=1,2,\ldots$.

（2）规范性：$\sum_{k=1}^{\infty} p_k = 1$.

同时满足上述（1）、（2）两条性质的数列一定是某个离散型随机变量的分布律，即这两条基本的性质是判别某个数列为离散型随机变量分布律的充要条件.

【例 2 - 2 - 1】 从 1~5 这 5 个数字中随机取出 3 个数字，用 X 表示取出的 3 个数字中的最大值. 试求 X 的分布律并写出 X 的分布函数.

解：X 所有可能的取值为 3，4，5，且：

$$P\{X=k\}=\frac{C_{k-1}^2}{C_5^3}(k=3,4,5)$$

从而，随机变量 X 的分布律如表 2 - 2 所示.

表 2 - 2

X	3	4	5
P	1/10	3/10	6/10

练习 1：设离散型随机变量 X 的分布律为 $P\{X=n\}=c\left(\dfrac{1}{4}\right)^{n}$，$n=1,2,\ldots$．试求常数 c．

二、常用离散型随机变量及其分布律

1. 两点分布

定义 2 - 3　若随机变量 X 只可能取 0 或 1 两个值，它的分布律如表 2 - 3 所示：

表 2 - 3

X	0	1
P	q	p

或写成：

$$P\{X=1\}=p, P\{X=0\}=q \qquad (2-2)$$

其中 $0<p<1$，$q=1-p$，则称 X 服从参数为 p 的（0 - 1）分布或两点分布，记为 $X \sim b(1,p)$．

注意：只有或只关心两个相互对立结果的试验，常用 0 - 1 分布来描述，如某工厂的产品是否合格、电脑系统是否正常、电力消耗是否超标、购买的彩票是否中奖等．

【例 2 - 2 - 2】100 件产品中，有 98 件是正品，2 件是次品，从中随机地抽取一件，若规定：

$$X=\begin{cases}0, & \text{取到不合格品} \\ 1, & \text{取到合格品}\end{cases}$$

则 $P\{X=1\}=\dfrac{98}{100}=0.98$，$P\{X=0\}=\dfrac{2}{100}=0.02$．故 X 服从参数为 0.98 的

两点分布，即 $X \sim b(1,0.98)$.

2. 二项分布

定义 2 - 4 若随机变量 X 的分布律为：

$$P\{X = k\} = C_n^k p^k q^{n-k}, k = 0,1,2,\dots,n \qquad (2-3)$$

其中 $0 < p < 1$，$q = 1 - p$，则称 X 服从参数为 n，p 的二项分布，记作 $X \sim b(n,p)$.

由二项分布的定义可以看出，n 重伯努利概型中事件 A 发生的次数 X 服从二项分布；两点分布是 $n = 1$ 时的二项分布.

【例 2 - 2 - 3】 高等数学期末卷上有 5 道选择题，每道题有 4 个选项，其中只有 1 个答案正确. 某学生靠猜测至少能答对 3 道题的概率是多少？

解：一道题的答题情况是一次伯努利试验. 设 A 表示"猜对"这一事件，则 $P(A) = 1/4$. 5 道题的答题情况就是 5 重的伯努利试验. 令 X 表示该学生靠猜测答对的题数，则 $X \sim b(5,0.25)$."至少能答对 3 道题"可表示为 $\{X \geqslant 3\}$，故：

$$\begin{aligned}
P\{X \geqslant 3\} &= P\{X = 3\} + P\{X = 4\} + P\{X = 5\} \\
&= C_5^3 (0.25)^3 (0.75)^2 + C_5^4 (0.25)^4 (0.75)^1 + C_5^5 (0.25)^5 \\
&\approx 0.1035
\end{aligned}$$

练习 2：某治疗禽流感的特效药临床有效率为 75%，今有 10 位患者服用，问至少有 9 人治愈的概率是多少？

【例 2 - 2 - 4】 设有 80 台同类型设备，各台工作是相互独立的，发生故障的概率都是 0.01，且一台设备的故障能由一个人处理. 考虑两种配备维修工人的方法，其一是由 4 人维护，每人负责 20 台；其二是由 3 人共同维护 80 台. 试比较这两种方法在设备发生故障时不能及时被维修的概率的大小.

解：（1）按第一种方法. 设事件 A_i 为"第 i 个人维护的 20 台设备发生故障不能及时被维修"，其中 $i = 1,2,3,4$. 令 X 表示第一个人维护 20 台设备同一时刻发生故障的台数，则 80 台设备发生故障不能及时得到维修的概率为 $P(A_1 \cup A_2 \cup A_3 \cup A_4) \geqslant P(A_1) = P\{X \geqslant 2\}$，又由于 $X \sim b(20,0.01)$，所以：

$$P\{X \geqslant 2\} = 1 - \sum_{k=0}^{1} P\{X = k\}$$

$$= 1 - \sum_{k=0}^{1} C_{20}^{k}(0.01)^{k} \times (0.99)^{20-k} = 0.0169$$

所以 80 台设备发生故障不能及时得到维修的概率不小于 0.0169.

（2）按第二种方法. 令 Y 表示 80 台设备同一时刻发生故障的台数, 由于 $Y \sim b$（80, 0.01）, 则 80 台设备发生故障不能及时得到维修的概率为:

$$P\{X \geqslant 4\} = 1 - \sum_{k=0}^{3} P\{X = k\}$$

$$= 1 - \sum_{k=0}^{3} C_{80}^{k}(0.01)^{k} \times (0.99)^{80-k} = 0.0087$$

综上所述, 第二种方法发生故障而不能及时被维修的概率小, 且维修工人减少一人. 由此看出概率论可以为经济生活、管理工作提供帮助.

3. 泊松分布

定义 2 - 5　若随机变量 X 的分布律为:

$$P\{X = k\} = \frac{\lambda^{k}}{k!} e^{-\lambda}, k = 0, 1, 2, \ldots \qquad (2-4)$$

其中 $\lambda > 0$ 是常数. 则称 X 服从参数为 λ 的泊松分布, 记为 $X \sim P(\lambda)$.

书或报纸某一页的印刷错误数、某路段一分钟内经过的汽车数、某个时间段内母鸡的下蛋数等都是服从泊松分布的.

【例 2 - 2 - 5】 已知某电话交换台每分钟接到的呼唤次数 $X \sim P(4)$. 求:

（1）每分钟内恰好接到 3 次电话的概率.

（2）每分钟接到的电话次数不超过 4 次的概率.

解: 由题意知每分钟交换台接到 k 次电话的概率为 $P\{X = k\} = \frac{4^{k}}{k!} e^{-4}$,

$k = 0, 1, 2, \ldots$. 故所求概率为:

（1）$P\{X = 3\} = \frac{4^{3}}{3!} e^{-4} \approx 0.1956$.

（2）因 $\{X = 0\}$、$\{X = 1\}$、$\{X = 2\}$、$\{X = 3\}$ 与 $\{X = 4\}$ 互不相容, 所以:

$$P\{X \leqslant 4\} = P\{X = 0\} + P\{X = 1\} + P\{X = 2\} + P\{X = 3\} + P\{X = 4\}$$

$$\approx 0.6288$$

历史上，泊松分布是二项分布的近似，由法国数学家泊松在 1837 年通过泊松定理引入.

泊松定理 设随机变量 X 服从二项分布 $b(n,p)$，当 n 充分大且 p 很小时，则对任意固定的非负整数 k，有近似公式：

$$C_n^k p^k (1-p)^{n-k} \approx \frac{\lambda^k}{k!} e^{-\lambda}, \text{其中 } \lambda = np$$

一般地，当 $n \geq 20$，$p \leq 0.05$ 时，$\frac{\lambda^k}{k!} e^{-\lambda}$ $(\lambda = np)$ 作为 $C_n^k p^k (1-p)^{n-k}$ 的近似值效果非常好.

由泊松定理可以看出 20 重以上的伯努利概型中，事件 A 在一次试验中发生的概率较小，则 A 发生的次数近似地服从泊松分布，即小概率事件在大量重复的试验中发生的次数服从泊松分布.

【例 2-2-6】 计算机硬件公司制造某种特殊型号的微型芯片，次品率为 0.1%，各芯片成为次品相互独立. 求在 1000 只产品中至少有 2 只次品的概率. 令 X 为产品中的次品数，$X \sim b(1000,0.001)$.

解：方法一. 因为 $P\{X<2\} = P\{X=0\} + P\{X=1\}$
$$= (1-0.001)^{1000} + C_{1000}^1 (0.001)^1 (1-0.001)^{999}$$
$$\approx 0.3676954 + 0.3680635 \approx 0.7357589,$$

$$P\{X \geq 2\} \approx 1 - 0.3676954 - 0.3680635 \approx 0.2642411$$

方法二. 由泊松定理知 $\lambda = np = 1000 \times 0.001 = 1$，

$$P\{X \geq 2\} = 1 - P\{X=0\} - P\{X=1\}$$
$$\approx 1 - e^{-1} - e^{-1} \approx 0.2642411$$

可以看出两者计算的结果基本一致，且利用泊松定理使计算更简单.

第三节 随机变量的分布函数

一、分布函数的定义

由等可能概型知，随机变量取某个实数值的概率容易求出，仅仅研究随机变量取某个确定实数值的概率不能完整地刻画出所有随机变量的统计规律，而任意的随机变量都可以讨论其在某个区间上取值的概率，因此可以通过随机变量在区间上取值的概率来研究随机变量的统计规律．

根据事件的关系与运算、概率的性质可以得到随机变量在一个区间上取值的概率 $P\{x_1 < X \leq x_2\}$ 与 $P\{X \leq x_2\}$、$P\{X \leq x_1\}$ 有如下的关系：

$$P\{x_1 < X \leq x_2\} = P\{X \leq x_2\} - P\{X \leq x_1\}$$

所以只需讨论 x 是任意实数时的 $P\{X \leq x\}$，即可得到随机变量的统计规律．下面引入随机变量分布函数的概念．

定义 2 - 6　设 X 为一个随机变量，x 是任意实数，称事件 $\{X \leq x\}$（如图 2 - 1 所示）发生的概率

$$F(x) = P\{X \leq x\}, x \in R$$

为随机变量 X 的分布函数．

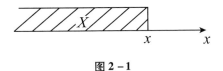

图 2 - 1

由定义可知，分布函数 $F(x)$ 在点 x_0 处的数值 $F(x_0)$ 表示的是随机变量 X 落在区间 $(-\infty, x_0]$ 上的概率，即 $P\{X \leq x_0\} = F(x_0)$，所以对于任意实数 x_1，$x_2 (x_1 \leq x_2)$，有重要公式：

（1）$P\{x_1 < X \leq x_2\} = P\{X \leq x_2\} - P\{X \leq x_1\} = F(x_2) - F(x_1)$．

（2）$P\{X > x_2\} = 1 - P\{X \leq x_2\} = 1 - F(x_2)$．

【例 2 - 3 - 1】抛掷均匀硬币，令

$$X = \begin{cases} 0, & \text{出正面} \\ 1, & \text{出反面} \end{cases}$$

求随机变量 X 的分布函数．

解：$P\{X = 1\} = P\{X = 0\} = \dfrac{1}{2}$

当 $X < 0$ 时，$F(x) = P\{X \leq x\} = 0$，如图 2 - 2 所示．

当 $0 < X < 1$ 时，$F(x) = P\{X \leq x\} = P\{X = 0\} = \dfrac{1}{2}$，如图 2 - 3 所示．

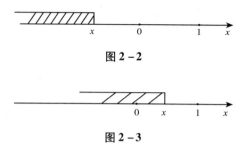

图 2 - 2

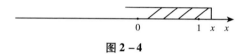

图 2 - 3

当 $X \geqslant 1$ 时，$F(x) = P\{X \leqslant x\} = P\{X = 0\} + P\{X = 1\} = \dfrac{1}{2} + \dfrac{1}{2} = 1$，如图 2 - 4 所示.

图 2 - 4

综上，$F(x) = \begin{cases} 0, & x < 0 \\ \dfrac{1}{2}, & 0 \leqslant x \leqslant 1. \\ 1, & x \geqslant 1 \end{cases}$

【例 2 - 3 - 2】写出本章第一节 ［例 2 - 1 - 1］中随机变量 X 的分布函数.

解：随机变量 X 的分布函数为：

$$F(x) = P\{X \leqslant x\} = \begin{cases} 0, & x < 1 \\ \dfrac{3}{10}, & 1 \leqslant x < 2 \\ \dfrac{9}{10}, & 2 \leqslant x < 3 \\ 1, & x \geqslant 3 \end{cases}$$，其图像如图 2 - 5 所示.

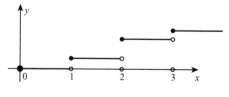

图 2 - 5

从图 2 - 5 可以看出 $F(x)$ 单调不减, 有界, 右连续, 实际上这也是任意分布函数所具有的性质.

二、分布函数的性质

分布函数 $F(x)$ 具有下列性质:

（1）$F(x)$ 是一个单调不减的函数, 即对于任意实数 x_1, $x_2(x_1 \leqslant x_2)$, 都有 $F(x_1) \leqslant F(x_2)$.

证: 当 $x_1 \leqslant x_2$ 时随机事件 $\{X \leqslant x_1\} \subset \{X \leqslant x_2\}$, 可知:

$$P\{X \leqslant x_2\} \geqslant P\{X \leqslant x_1\}$$

所以 $F(x_2) - F(x_1) = P\{X \leqslant x_2\} - P\{X \leqslant x_1\} \geqslant 0$, 即 $F(x_1) \leqslant F(x_2)$.

（2）对任意实数 x, 有 $0 \leqslant F(x) \leqslant 1$, 即 $F(x)$ 是有界函数, 且 $F(-\infty) = \lim_{x \to -\infty} F(x) = 0$, $F(+\infty) = \lim_{x \to +\infty} F(x) = 1$.

（3）$F(x)$ 是右连续的, 即对于任意实数 x, 有 $F(x+0) = F(x)$.

关于性质（2）与性质（3）, 这里不做证明.

另外, 可以证明, 同时满足上述性质（1）、性质（2）、性质（3）的函数必是某个随机变量的分布函数, 即这三条基本的性质是判别某个函数为分布函数的充分必要条件.

【例 2 - 3 - 3】 证明 $F(x) = \dfrac{1}{\pi}\left(\arctan x + \dfrac{\pi}{2}\right)$, $-\infty < x < +\infty$, 是一个分布函数.

证: 显然 $F(x)$ 在整个实数轴上是连续且单调严增函数, 且 $F(+\infty) = 1$, $F(-\infty) = 0$, 因此它满足分布函数的三条基本性质, 故 $F(x)$ 是一个分布函数.

该函数称为柯西分布函数.

【例 2 - 3 - 4】 假设某公交车站每 5 分钟就有一辆去 C 地的公交车停靠. 乘客随机地到达该车站, 搭乘去 C 地的公交车. 以 X 表示乘客的候车时间, 试求随机变量 X 的分布函数.

解: 当 $x < 0$ 时, 则 $\{X \leqslant x\}$ 是不可能事件, 从而 $F(x) = P\{X \leqslant x\} = 0$.

当 $0 \leqslant x < 5$ 时, 由题意知 $P\{X \leqslant x\} = \dfrac{x}{5}$, 于是 $F(x) = P\{X \leqslant x\} = \dfrac{x}{5}$.

当 $x \geq 5$ 时，$F(x) = P\{X \leq x\} = 1$.

综上所述可得，X 的分布函数 $F(x)$ 为：

$$F(x) = \begin{cases} 0, & x < 0 \\ \dfrac{x}{5}, & 0 \leq x < 5 \\ 1, & x \geq 5 \end{cases}$$

其图像如图 2 - 6 所示，是一条连续的曲线.

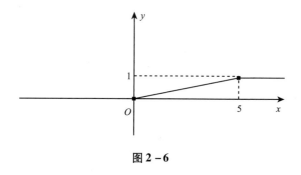

图 2 - 6

第四节 连续型随机变量

在本章第一节，[例 2 - 1 - 4] 中随机变量"灯泡寿命"以及练习 1 中的随机变量其取值都为某一区间，不能一一进行列举，这样的随机变量称为连续型随机变量. 连续型随机变量不能像离散型随机变量那样用分布律来刻画其概率的分布情况.

一、连续型随机变量及其概率密度

定义 2 - 7 设 $F(x)$ 为随机变量 X 的分布函数，若存在非负可积函数 $f(x)$ 使得对于任意实数 x 有：

$$F(x) = \int_{-\infty}^{x} f(t)\,\mathrm{d}t \qquad\qquad (2-5)$$

则称 X 为连续型随机变量，$f(x)$ 称为 X 的概率密度函数（或分布密度函数），简称概率密度（或密度函数）.

在实际应用中遇到的大多数是离散型或连续型随机变量，本书只讨论这两种随机变量.

结合高等数学知识与定义 2-7 可知，连续型随机变量的分布函数是连续函数，且可以得到概率密度 $f(x)$ 的如下性质：

（1）非负性：$f(x) \geqslant 0$.

（2）规范性：$\int_{-\infty}^{+\infty} f(x)\,\mathrm{d}x = 1$；

（3）对于任意实数 $x_1, x_2 (x_1 < x_2)$，有

$$
\begin{aligned}
P\{x_1 < X \leqslant x_2\} &= P\{X \leqslant x_2\} - P\{X \leqslant x_1\} \\
&= F(x_2) - F(x_1) \\
&= \int_{x_1}^{x_2} f(x)\,\mathrm{d}x
\end{aligned}
$$

（4）若 $f(x)$ 在点 x 处连续，则有 $F'(x) = f(x)$.

（5）对任意实数 a 都有 $P\{X = a\} = 0$，即连续型随机变量取任意实数值 a 的概率为 0.

注 1：性质（1）、性质（2）是概率密度必须具有的性质，也是确定或判别某个函数 $f(x)$ 是否为概率密度的充要条件.

注 2：性质（2）说明介于曲线 $y = f(x)$ 与 x 轴之间的面积等于 1. 性质（3）说明 X 落在区间 $(x_1, x_2]$ 的概率等于区间 $(x_1, x_2]$ 上曲线 $y = f(x)$ 与 x 轴之间曲边梯形的面积 S_1，如图 2-7 所示。

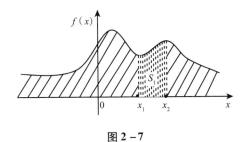

图 2-7

注 3：性质（5）说明概率为 0 的事件不一定是不可能事件；类似的，必然事件的概率为 1，但概率为 1 的事件也不一定是必然事件.

连续型随机变量 X 在一点的概率为 0，随机变量落在某个区间上的概率与是否取得区间端点无关，即：

$$P\{a \leqslant X \leqslant b\} = P\{a < X \leqslant b\} = P\{a \leqslant X < b\}$$

$$= P\{a < X < b\} = \int_a^b f(x)\,\mathrm{d}x$$

【例 2 - 4 - 1】设随机变量 X 的概率密度为：

$$f(x) = \begin{cases} \dfrac{A}{1 + x^2}, & |x| < 1 \\ 0, & |x| \geqslant 1 \end{cases}$$

求：

（1）系数 A.

（2）X 落在 $(0, \sqrt{3}\,]$ 内的概率.

（3）X 的分布函数 $F(x)$.

解：（1）由概率密度的规范性知：

由 $\displaystyle\int_{-\infty}^{+\infty} f(x)\,\mathrm{d}x = 1$，即 $\displaystyle\int_{-1}^{1} \frac{A}{1 + x^2}\,\mathrm{d}x = 1$，解得 $A = \dfrac{2}{\pi}$.

（2）$P\{0 < x \leqslant \sqrt{3}\} = \displaystyle\int_0^{\sqrt{3}} f(x)\,\mathrm{d}x$

$$= \int_0^1 \frac{2}{\pi(1 + x^2)}\,\mathrm{d}x$$

$$= \frac{2\arctan x}{\pi} \bigg|_0^1 = 1/2.$$

（3）由概率密度函数的定义 $F(x) = \displaystyle\int_{-\infty}^{x} f(t)\,\mathrm{d}t$，知：

当 $x < -1$ 时，$F(x) = \displaystyle\int_{-\infty}^{x} 0\,\mathrm{d}t = 0$.

当 $-1 \leqslant x < 1$ 时，$F(x) = \displaystyle\int_{-1}^{x} \frac{2}{\pi} \frac{1}{1 + t^2}\,\mathrm{d}t = \frac{2}{\pi}\arctan t \bigg|_{-1}^{x} = \frac{2}{\pi}\arctan x + \frac{1}{2}$.

当 $x > 1$ 时，$F(x) = \displaystyle\int_{-1}^{1} \frac{2}{\pi} \frac{1}{1 + x^2}\,\mathrm{d}x = 1$.

所以 X 的分布函数为：

$$F(x) = \begin{cases} 0, & x < -1 \\ \dfrac{2}{\pi}\arctan x + \dfrac{1}{2}, & -1 \leqslant x < 1 \\ 1, & x \geqslant 1 \end{cases}$$

练习 1：设随机变量 X 的分布函数为：

$$F(x) = \begin{cases} 1 - (1+x)e^{-x}, & x \geqslant 0 \\ 0, & x < 0 \end{cases}$$

试求：X 的概率密度；$P\{0 < X \leqslant 2\}$.

二、常用连续型随机变量

1. 均匀分布

定义 2 - 8　若连续型随机变量 X 的概率密度为：

$$f(x) = \begin{cases} \dfrac{1}{b-a}, & a < x < b \\ 0, & \text{其他} \end{cases}$$

则称 X 在区间 (a,b) 上服从均匀分布，记作 $X \sim U(a,b)$. $f(x)$ 的图像如图 2 -8 所示.

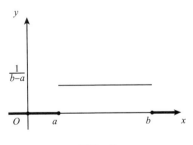

图 2 - 8

服从区间 (a,b) 上均匀分布的随机变量 X 在区间 (a,b) 内任意子区间的概率只依赖于子区间的长度，而与子区间的位置无关.

事实上，对于任意一个长度为 l 的子区间 $(c,c+l)$，其中 $a \leqslant c < c+l \leqslant b$，

有 $P\{c < X < c + l\} = \int_c^{c+l} f(x)\mathrm{d}x = \int_c^{c+l} \dfrac{1}{b-a}\mathrm{d}x = \dfrac{l}{b-a}.$

若 $X \sim U(a,b)$，则 X 的分布函数为：

$$F(x) = \begin{cases} 0, & x \leqslant a \\[2mm] \dfrac{x-a}{b-a}, & a < x < b \\[2mm] 1, & x \geqslant b \end{cases}$$

【例 2 - 4 - 2】长途汽车起点站于每时的 10 分、25 分、55 分发车，设乘客不知发车时间，每小时的任意时刻随机地到达车站．求乘客候车时间超过 10 分钟的概率．

解：设事件 A 为"乘客候车时间超过 10 分钟"，乘客于某时 X 分到达此站，则 X 服从区间（0，60）上的均匀分布，其概率密度为：

$$f(x) = \begin{cases} \dfrac{1}{60}, & 0 < x < 60 \\[2mm] 0, & \text{其他} \end{cases}$$

$$P(A) = P\{10 < X < 15\} + P\{25 < X < 45\} + P\{55 < X < 60\}$$

$$= \dfrac{5 + 20 + 5}{60} = \dfrac{1}{2}$$

2. 指数分布

定义 2 - 9　若连续型随机变量 X 的概率密度为：

$$f(x) = \begin{cases} \dfrac{1}{\theta}\mathrm{e}^{-\frac{x}{\theta}}, & x > 0 \\[2mm] 0, & \text{其他} \end{cases}$$

其中 $\theta > 0$ 为常数，则称 X 服从参数 θ 的指数分布，记为 $X \sim E(\theta)$.

易证 $f(x) \geqslant 0$ 且 $\int_{-\infty}^{+\infty} f(x)\mathrm{d}x = 1$. $\theta = \dfrac{1}{2}$，$\theta = 1$，$\theta = 2$ 的指数分布概率密度函数如图 2 - 9 所示．

X 的分布函数为

$$F(x) = \begin{cases} 1 - \mathrm{e}^{-\frac{x}{\theta}}, & x > 0 \\[2mm] 0, & \text{其他} \end{cases}$$

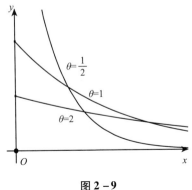

图 2 - 9

电子产品或动物的寿命、设备工作的可靠时间、电话通话时间、各种随机服务系统的服务时间、等待时间等都可以用指数分布来近似表示. 指数分布在可靠性理论与排队论中有广泛的应用.

【例 2 - 4 - 3】设打一次电话所用的时间 X（单位：分钟）服从参数为 $\theta = 10$ 的指数分布. 如果某人刚好在你前面走进公用电话间, 求你需等待 $10 \sim 20$ 分钟的概率.

解：令事件 B 为"等待时间为 $10 \sim 20$ 分钟". 易知 X 的概率密度为：

$$f(x) = \begin{cases} \dfrac{1}{10}e^{-\frac{x}{10}}, & x > 0 \\ 0, & x \leqslant 0 \end{cases}$$

则：$P(B) = P\{10 \leqslant X \leqslant 20\}$

$$= \int_{10}^{20} \frac{1}{10}e^{-\frac{x}{10}}\mathrm{d}x = -e^{-\frac{x}{10}}\Big|_{10}^{20} = e^{-1} - e^{-2} = 0.2325$$

【例 2 - 4 - 4】某元件寿命 X 服从指数分布, 其分布函数为：

$$F(x) = \begin{cases} 1 - e^{-\frac{x}{1000}}, & x > 0 \\ 0, & 其他 \end{cases}$$

（1）求该元件可以使用 1000 小时的概率.

（2）若发现该元件使用了 500 小时没有损坏, 求它还可以继续使用 1000 小时的概率.

解：（1）$P\{X \geqslant 1000\} = 1 - P\{X < 1000\} = 1 - F(1000) = 1 - (1 - e^{-1}) = e^{-1}$

（2）由于：
$$P\{X \geqslant 500\} = 1 - P\{X < 500\}$$
$$= 1 - F(500)$$
$$= 1 - (1 - e^{-\frac{1}{2}}) = e^{-\frac{1}{2}}$$

$$P\{X \geqslant 1500\} = 1 - P\{X < 1500\}$$
$$= 1 - F(1500)$$
$$= 1 - (1 - e^{-\frac{3}{2}}) = e^{-\frac{3}{2}}$$

所以：
$$P\{X \geqslant 1500 \mid X \geqslant 500\} = \frac{P\{X \geqslant 1500 \cap X \geqslant 500\}}{P\{X \geqslant 500\}}$$
$$= \frac{P\{X \geqslant 1500\}}{P\{X \geqslant 500\}} = e^{-1}$$

计算结果表明，已经使用了 500 小时未损坏的条件下，可以继续使用 1000 小时的条件概率和可以使用 1000 小时的无条件概率是相等的. 这种性质称为指数分布的"无记忆性"，即对于任意 s，$t > 0$，有：

$$P\{X > s + t \mid X > s\} = P\{X > t\}$$

所谓无记忆性，是指元件忘记它已经使用了 s 小时，再继续使用 t 小时以上的概率与新元件可以使用 t 小时以上的概率相等. 这是指数分布特有的性质.

3. 正态分布

定义 2 – 10 若连续型随机变量 X 的概率密度为：

$$f(x) = \frac{1}{\sqrt{2\pi}\sigma} e^{-\frac{(x-\mu)^2}{2\sigma^2}}, \quad -\infty < x < +\infty$$

其中 μ，$\sigma(\sigma > 0)$ 为常数，则称 X 服从参数为 μ，σ 的正态分布或高斯（Gauss）分布，记为 $X \sim N(\mu, \sigma^2)$，又称 X 为正态变量.

容易验证，$f(x)$ 满足连续型随机变量密度函数的两条性质.

正态分布 $N(\mu, \sigma^2)$ 的分布函数为：

$$F(x) = \int_{-\infty}^{x} \frac{1}{\sqrt{2\pi}\sigma} e^{-\frac{(t-\mu)^2}{2\sigma^2}} dt$$

$f(x)$ 的图形如图 2 – 10 所示，它具有以下性质.

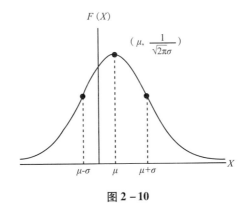

图 2 – 10

（1）连续性：$f(x)$ 的定义域为 $(-\infty, +\infty)$，其图形是分布在第一、二象限内的一条连续曲线.

（2）对称性：$f(x)$ 的图形是以 $x = \mu$ 为对称轴的曲线，即对任意的实数 $h > 0$，有

$$P\{\mu - h < X \leqslant \mu\} = P\{\mu < X \leqslant \mu + h\}$$

（3）有界性：当 $x = \mu$ 时，$f(x)$ 达到最大值 $\dfrac{1}{\sqrt{2\pi}\sigma}$.

（4）拐点：当 $x = \mu \pm \sigma$ 时，曲线有拐点.

（5）渐近线：$y = 0$（或 x 轴）为 $f(x)$ 的水平渐近线.

（6）参数 μ 决定 $f(x)$ 的对称轴及最大值出现的位置，即若取定 σ，改变 μ，图形沿 x 轴平移而不改变形状，因此称 μ 为位置参数；参数 σ 决定曲线的走势，如图 2 – 11（a）和（b）所示，称 σ 为尺度参数. 一般地，当 σ 变小，极值 $f(\mu)$ 变大，由于"曲线以下，x 轴以上"的面积为 1 不变，故曲线变得陡峭，密度函数所反映的数据呈集中趋势；当 σ 变大，曲线变平滑，数据分散.

特别地，$\mu = 0$，$\sigma = 1$ 的正态分布称为标准正态分布，记为 $N(0,1)$. 其概率密度函数记为

$$\varphi(x) = \frac{1}{\sqrt{2\pi}}\mathrm{e}^{-\frac{x^2}{2}}, \quad -\infty < x < +\infty$$

分布函数记为

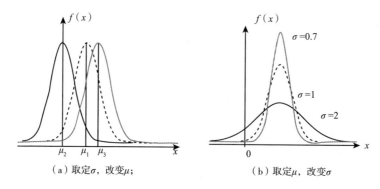

（a）取定σ，改变μ；　　　　　（b）取定μ，改变σ

图 2-11

$$\Phi(x) = \frac{1}{\sqrt{2\pi}} \int_{-\infty}^{x} e^{-\frac{t^2}{2}} dt, \quad -\infty < x < +\infty$$

图 2-12 给出了标准正态分布的概率密度函数 $\varphi(x)$ 和分布函数 $\Phi(x)$ 图形.

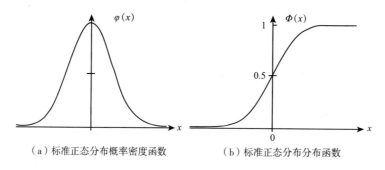

（a）标准正态分布概率密度函数　　　（b）标准正态分布分布函数

图 2-12

标准正态分布的分布函数具有以下性质：

(1) $\Phi(-x) = 1 - \Phi(x)$.

(2) $P\{|X| \leqslant x\} = 2\Phi(x) - 1$.

(3) $P\{X > x\} = 1 - \Phi(x)$.

(4) $P\{a \leqslant X \leqslant b\} = \Phi(b) - \Phi(a)$.

(5) $\Phi(0) = \dfrac{1}{2}$.

【例 2-4-5】 设随机变量 $X \sim N(0,1)$，试求：$P\{1 \leqslant X \leqslant 2\}$；$P\{|X| > 3\}$.

解：（1） $P\{1\leqslant X\leqslant 2\} = \Phi(2) - \Phi(1)$

$$= 0.9772 - 0.8413 = 0.1359.$$

（2） $P\{|X| > 3\} = 1 - P\{|X| \leqslant 3\}$

$$= 2 - 2\Phi(3) = 0.0027.$$

定理 2-1　若随机变量 $X \sim N(\mu, \sigma^2)$，则：

$$Y = \frac{X - \mu}{\sigma} \sim N(0,1)$$

证： $Y = \frac{X - \mu}{\sigma}$ 的分布函数为：

$$P\{Y \leqslant x\} = P\left\{\frac{X - \mu}{\sigma} \leqslant x\right\}$$

$$= P\{X \leqslant \mu + \sigma x\} = \int_{-\infty}^{\mu+\sigma x} \frac{1}{\sqrt{2\pi}\sigma} e^{-\frac{(t-\mu)^2}{2\sigma^2}} dt$$

做变换，令 $u = \frac{t - \mu}{\sigma}$，则 $du = \frac{dt}{\sigma}$ 代入上式，得：

$$P\{Y \leqslant x\} = \frac{1}{\sqrt{2\pi}} \int_{-\infty}^{x} e^{-\frac{u^2}{2}} du = \Phi(x)$$

其中 $\Phi(x)$ 为标准正态分布的分布函数．

所以 $Y = \frac{X - \mu}{\sigma} \sim N(0,1)$．

定理 2-1 表明一般的正态分布都可以通过线性变化转化成标准正态分布．

推论　若随机变量 $X \sim N(\mu, \sigma^2)$，则 X 的分布函数为：

$$F(x) = \Phi\left(\frac{x - \mu}{\sigma}\right)$$

且：

$$P\{a < X \leqslant b\} = \Phi\left(\frac{b - \mu}{\sigma}\right) - \Phi\left(\frac{a - \mu}{\sigma}\right)$$

证： X 的分布函数为：

$$F(x) = P\{X \leqslant x\}$$

$$= P\left\{\frac{X-\mu}{\sigma} \leqslant \frac{x-\mu}{\sigma}\right\} = \varPhi\left(\frac{x-\mu}{\sigma}\right)$$

$$P\{a < X \leqslant b\} = P\left\{\frac{a-\mu}{\sigma} < \frac{X-\mu}{\sigma} \leqslant \frac{b-\mu}{\sigma}\right\}$$

$$= \varPhi\left(\frac{b-\mu}{\sigma}\right) - \varPhi\left(\frac{a-\mu}{\sigma}\right)$$

若 $X \sim N(\mu, \sigma^2)$，则：

$$P\{|X-\mu| \leqslant \sigma\} = 2\varPhi(1) - 1 = 0.6826$$

$$P\{|X-\mu| \leqslant 2\sigma\} = 2\varPhi(2) - 1 = 0.9544$$

$$P\{|X-\mu| \leqslant 3\sigma\} = 2\varPhi(3) - 1 = 0.9974$$

虽然 X 的取值范围是 $(-\infty, +\infty)$，但它的取值落在 $[\mu - 3\sigma, \mu + 3\sigma]$ 内的概率高达 99.74%. 这在统计学上称作"3σ 准则"，即在一次试验中可以断言 X 的取值落在以 μ 为中心，3σ 为半径的邻域内.

【例 2 - 4 - 6】某地区月降水量 X 服从 $\mu = 40$，$\sigma = 4$（单位：cm）的正态分布. 求从某月起连续 10 个月的月降水量都不超过 50cm 的概率.

解：由题意知 $X \sim N(40, 4^2)$，设事件 A 为"月降水量不超过 50cm"，事件 B 为"连续 10 个月的月降水量都不超过 50cm"，则事件 A 发生的概率 $P(A)$ 与事件 B 发生的概率 $P(B)$ 关系为 $P(B) = [P(A)]^{10}$.

事实上，$P(A) = P\{X \leqslant 50\} = \varPhi\left(\frac{50-40}{4}\right) = \varPhi(2.5) = 0.99379$.

所以 $P(B) = 0.99379^{10} = 0.9396$.

【例 2 - 4 - 7】受 2008 年金融危机的影响，某地区失业问题严重. 据有关部门统计，该地区失业人口（单位：万人）服从 $N(12, 3^2)$ 的正态分布. 试求：

（1）该地区失业人口少于 6 万人的概率是多少？

（2）失业人口在 8 万～15 万人之间的概率是多少？

（3）失业人口超过 20 万人的概率是多少？

解：令 X 表示失业人口（单位：万人），则 $X \sim N(12, 3^2)$，故所求概率为：

（1）$P\{X < 6\} = \varPhi\left(\frac{6-12}{3}\right)$

$$= \varPhi(-2) = 1 - \varPhi(2) = 0.0228.$$

（2）$P\{8 < X < 15\} = \varPhi\left(\frac{15-12}{3}\right) - \varPhi\left(\frac{8-12}{3}\right)$

$$= \Phi(1) - \Phi(-1.33) = 0.7495.$$

(3) $P\{X > 20\} = 1 - P\{X \leqslant 20\} = 1 - \Phi\left(\dfrac{20 - 12}{3}\right)$

$$\approx 1 - \Phi(2.67) = 0.0038.$$

练习 2：设随机变量 $X \sim N(2, 9)$，试求：$P\{1 \leqslant X < 5\}$；$P\{X > 0\}$；$P\{|X - 2| > 6\}$.

正态分布应用十分广泛，数据分布凡是具有"两头小，中间大，左右对称"特点的随机现象都服从正态分布；受众多因素的影响，而每个因素影响甚微，诸因素影响合成的随机现象也服从正态分布. 实际生活中，各种测量的误差、人体的生理特征、农作物的收获量、海洋波浪的高度、学生的考试成绩、平均降雨量等都可用正态分布来描述. 正态分布还是很多分布的极限分布.

第五节　随机变量函数的分布

在实际问题中，经常需要研究随机变量函数的分布. 例如我们能测量圆轴截面的直径 d，而关心的却是截面积 $S = \dfrac{1}{4}\pi d^2$；在统计物理中，容易测出分子运动速度 v，而往往需要用到的是其动能 $E_k = \dfrac{1}{2}mv^2$. 一般地，设 $y = g(x)$ 是一元实函数，X 是随机变量. 若 X 的取值落在函数 $y = g(x)$ 的定义域内，则 $Y = g(X)$ 也为随机变量，称随机变量 Y 为随机变量 X 的函数.

一、离散型随机变量函数的分布

如果 X 是离散型随机变量，其函数 $Y = g(X)$ 也是离散型随机变量，X 的分布律如表 2 – 4 所示，则 $Y = g(X)$ 的分布律如表 2 – 5 所示。

表 2 – 4

X	x_1	x_2	$\cdots$	x_k	$\cdots$
P	p_1	p_2	$\cdots$	p_k	$\cdots$

表 2 − 5

Y	$g(x_1)$	$g(x_2)$	...	$g(x_k)$	...
P	p_1	p_2	...	p_k	...

注意：如果 $g(x_k)$ 中有些值相同，其概率需要并项计算.

【例 2 − 5 − 1】设 X 的分布律如表 2 − 6 所示，求 $Y = X^2$ 的分布律.

表 2 − 6

X	−1	0	1	2
P	$\frac{1}{4}$	$\frac{1}{4}$	$\frac{1}{4}$	$\frac{1}{4}$

解：Y 的可能值为 $(-1)^2$，0^2，1^2，2^2；即 0，1，4. 则：

$$P\{Y = 0\} = P\{X^2 = 0\}$$
$$= P\{X = 0\} = \frac{1}{4}$$
$$P\{Y = 1\} = P\{X^2 = 1\}$$
$$= P\{(X = -1) \cup (X = 1)\}$$
$$= P\{X = -1\} + P\{X = 1\}$$
$$= \frac{1}{4} + \frac{1}{4} = \frac{1}{2}$$
$$P\{Y = 4\} = P\{X^2 = 4\}$$
$$= P\{X = 2\} = \frac{1}{4}$$

所以 Y 的分布律如表 2 − 7 所示.

表 2 − 7

X	0	1	4
P	$\frac{1}{4}$	$\frac{1}{2}$	$\frac{1}{4}$

二、连续型随机变量函数的分布

【例 2 − 5 − 2】设随机变量 X 的概率密度为：

$$f_X(x) = \begin{cases} \dfrac{x}{8}, & 0 < x < 4 \\ 0, & \text{其他} \end{cases}$$

求随机变量 $Y = 2X + 8$ 的概率密度.

解：设随机变量 X 与 Y 的分布函数分别为 $F_X(x)$、$F_Y(y)$.

先求 $Y = 2X + 8$ 的分布函数 $F_Y(y)$：

$$F_Y(y) = P\{Y \leqslant y\} = P\{2X + 8 \leqslant y\}$$

$$= P\left\{X \leqslant \dfrac{y-8}{2}\right\} = \int_{-\infty}^{\frac{y-8}{2}} f_X(x)\,\mathrm{d}x$$

然后由分布函数求概率密度：

$$f_Y(y) = F_y'(y) = \left(\int_{-\infty}^{\frac{y-8}{2}} f_X(x)\,\mathrm{d}x\right)' = f_X\left(\dfrac{y-8}{2}\right)\left(\dfrac{y-8}{2}\right)'$$

所以：

$$f_Y(y) = \begin{cases} \dfrac{1}{8}\left(\dfrac{y-8}{2}\right) \times \dfrac{1}{2}, & 0 < \dfrac{y-8}{2} < 4 \\ 0, & \text{其他} \end{cases}$$

$$= \begin{cases} \dfrac{y-8}{32}, & 0 < y < 16 \\ 0, & \text{其他} \end{cases}$$

这是求解连续型随机变量函数分布的分布函数求解法，先求出随机变量函数的分布函数，再通过分布函数得到其概率密度函数.

【例 2－5－3】设随机变量 X 的概率密度为：

$$f_X(x) = \begin{cases} 0, & x < 0 \\ x^3 \mathrm{e}^{-x^2}, & x \geqslant 0 \end{cases}$$

求随机变量 $Y = X^2$ 和 $Z = 2X + 3$ 的概率密度.

解：设随机变量 X、Y 与 Z 的分布函数分别为 $F_X(x)$、$F_Y(y)$ 与 $F_Z(z)$.

（1）先求随机变量 $Y = X^2$ 分布函数：

$$F_Y(y) = P\{Y \leqslant y\}$$

$$= P\{X^2 \leqslant y\}$$

$$= P\{-\sqrt{y} \leqslant X \leqslant \sqrt{y}\}$$

$$= F_X(\sqrt{y}) - F_X(-\sqrt{y})$$

$$= \int_{-\infty}^{\sqrt{y}} f_X(x)\,\mathrm{d}x - \int_{-\infty}^{-\sqrt{y}} f_X(x)\,\mathrm{d}x$$

然后由分布函数求概率密度:

$$f_Y(y) = F_Y'(y)$$

$$= f_X(\sqrt{y})(\sqrt{y})' - f_X(-\sqrt{y})(-\sqrt{y})'$$

$$= \frac{1}{2\sqrt{y}} \times (\sqrt{y})^3 \times \mathrm{e}^{-(\sqrt{y})^2} + 0 \times \frac{1}{2\sqrt{y}} = \begin{cases} \dfrac{y\mathrm{e}^{-y}}{2}, & y > 0 \\ 0, & y \leq 0 \end{cases}$$

(2) 当 $Z = 2X + 3$ 时, 有 $z = 2x + 3 \Rightarrow x = \dfrac{z-3}{2}$, 则:

$$f_Z(z) = F_Z'(z) = \left(\int_{-\infty}^{\frac{z-3}{2}} f_X(x)\,\mathrm{d}x \right)'$$

$$= \begin{cases} \left(\dfrac{z-3}{2}\right)^3 \mathrm{e}^{\left(\frac{z-3}{2}\right)^2} \left(\dfrac{z-3}{2}\right)', & z \geq 3 \\ 0, & z < 3 \end{cases}$$

$$= \begin{cases} \dfrac{1}{2}\left(\dfrac{z-3}{2}\right)^3 \mathrm{e}^{-\left(\frac{z-3}{2}\right)^2}, & z \geq 3 \\ 0, & z < 3 \end{cases}$$

定理 2 - 2 设随机变量 X 具有概率密度 $f_X(x)$, 其中 $-\infty < x < +\infty$, 又设函数 $g(x)$ 处处可导, 且恒有 $g'(x) > 0$ (或恒有 $g'(x) < 0$), 则 $Y = g(X)$ 是随机变量, 其概率密度为:

$$f_Y(y) = \begin{cases} f_X(h(y))\,|h'(y)|, & \alpha < y < \beta \\ 0, & \text{其他} \end{cases}$$

其中 $\alpha = \min(g(-\infty),\ g(+\infty))$, $\beta = \max(g(-\infty), g(+\infty))$, $h(y)$ 是 $g(x)$ 的反函数.

证: 设随机变量 $Y = g(X)$ 的分布函数为 $F_Y(y)$, 则有

$$F_Y(y) = P\{Y \leq y\} = P\{g(X) \leq y\}$$

由题设, 不妨假设 $g'(x) > 0$, 则 $g(x)$ 是严格递增的函数.

因此, $F_Y(y) = P\{X \leq g^{-1}(y)\} = P\{X \leq h(y)\} = \int_{-\infty}^{h(y)} f_X(x)\,\mathrm{d}x.$

又由于随机变量 X 在区间 $(-\infty, +\infty)$ 上变化时, 随机变量 Y 在区

间 (α, β) 上变化. 其中, $\alpha = \min\{g(-\infty), g(+\infty)\}$, $\beta = \max\{g(-\infty), g(+\infty)\}$.

因此, 当 $y \in (\alpha, \beta)$ 时, $F_Y(y) = \int_{-\infty}^{h(y)} f_X(x)\mathrm{d}x.$

所以, $f(y) = F_Y'(y)$

$$= \frac{\mathrm{d}}{\mathrm{d}y}\Big(\int_{-\infty}^{h(y)} f_X(x)\mathrm{d}x\Big)$$

$$= f_X(h(y))h'(y) = f_X(h(y))|h'(y)|$$

同理, 若 $g'(x) < 0$, 则 $g(x)$ 是严格递减的函数.

当 $y \in (\alpha, \beta)$ 时, $F_Y(y) = P\{Y \leqslant y\}$

$$= P\{g(X) \leqslant y\}$$

$$= P\{X \geqslant g^{-1}(y)\} = P\{X \geqslant h(y)\}$$

所以, $f(y) = F_Y'(y)$

$$= \frac{\mathrm{d}}{\mathrm{d}y}\Big(\int_{h(y)}^{+\infty} f_X(x)\mathrm{d}x\Big)$$

$$= -f_X(h(y))h'(y) = f_X(h(y))|h'(y)|$$

综上所述, 得 $Y = g(X)$ 的密度函数为:

$$f_Y(y) = \begin{cases} f_X(h(y))|h'(y)|, & \alpha < y < \beta \\ 0, & \text{其他} \end{cases}$$

定理 2-3 设随机变量 $X \sim N(\mu, \sigma^2)$, 则 X 的线性函数 $Y = aX + b(a \neq 0)$ 也服从正态分布.

证: X 的概率密度为:

$$f_X(x) = \frac{1}{\sqrt{2\pi}\sigma}\mathrm{e}^{-\frac{(x-\mu)^2}{2\sigma^2}}, -\infty < x < +\infty$$

设 $y = g(x) = ax + b$, 得 $x = h(y) = \dfrac{y-b}{a}$, 知 $h'(y) = \dfrac{1}{a} \neq 0.$

由公式 $f_Y(y) = \begin{cases} f_X(h(y))|h'(y)|, & \alpha < y < \beta \\ 0, & \text{其他} \end{cases}$ 得 $Y = aX + b$ 的概率密度为:

$$f_Y(y) = \frac{1}{|a|}f_X\Big(\frac{y-b}{a}\Big)$$

$$= \frac{1}{|a|} \frac{1}{\sqrt{2\pi}\sigma} e^{-\frac{\left(\frac{y-b}{a}-\mu\right)^2}{2\sigma^2}}$$

$$= \frac{1}{|a|\sigma\sqrt{2\pi}} e^{-\frac{(y-(b+a\mu))^2}{2(a\sigma)^2}}, \quad -\infty < y < \infty$$

所以 $Y = aX + b \sim N(a\mu + b, (a\sigma)^2)$.

【例 2-5-4】设随机变量 $X \sim N(\mu, \sigma^2)$，$Y = e^X$，试求随机变量 Y 的密度函数 $f_Y(y)$.

解：由题设，知 X 的密度函数为：

$$f(x) = \frac{1}{\sqrt{2\pi}\sigma} e^{-\frac{(x-\mu)^2}{2\sigma^2}}, \quad -\infty < x < +\infty$$

函数 $y = e^x$ 是严格递增的，它的反函数为 $x = \ln y$. 并且当随机变量 X 在区间 $(-\infty, +\infty)$ 上变化时，$Y = e^X$ 在区间 $(0, +\infty)$ 上变化.

$$f_Y(y) = f_X(\ln y) \times |(\ln y)'|$$

$$= \frac{1}{\sqrt{2\pi}\sigma} e^{-\frac{(\ln y - \mu)^2}{2\sigma^2}} \times \frac{1}{y}$$

由此得随机变量 $Y = e^X$ 的密度函数为：

$$f_Y(y) = \begin{cases} \dfrac{1}{\sqrt{2\pi} y \sigma} e^{-\frac{(\ln y - \mu)^2}{2\sigma^2}}, & y > 0 \\ 0, & y \leq 0 \end{cases}$$

本章学习目标自检

1. 理解随机变量的概念.

2. 掌握分布函数的概念和性质.

3. 熟练掌握离散型随机变量及其分布律的概念和性质.

4. 熟练掌握二项分布、泊松分布以及泊松定理.

5. 理解连续型随机变量及其概率密度函数的概念、性质.

6. 熟练掌握均匀分布、指数分布、正态分布.

7. 掌握随机变量函数的分布.

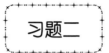

一、填空题

1. 设随机变量 X 在 （1，6） 上服从均匀分布，则方程 $x^2 + X \times x + 1 = 0$ 有实根的概率为_____.

2. 设离散型随机变量 X 的分布律为 $P\{X = k\} = \lambda p^k (k = 1, 2, \ldots)$，其中 λ 是已知常数，则未知参数 $p =$ _____.

3. 设某批零件的长度服从 $X \sim N(\mu, \sigma^2)$，现从这批零件中任取 5 个，则正好有 2 个长度小于 μ 的概率 $P =$ _____.

4. 设随机变量 X 的分布函数为：

$$F(x) = \begin{cases} 0, & x < -1 \\ 0.4, & -1 \leqslant x < 1 \\ 0.8, & 1 \leqslant x < 2 \\ 1, & x \geqslant 2 \end{cases}$$

则 X 的分布律为_____.

5. 设随机变量 $X \sim N(5, 2^2)$，则 $P\{3 < X < 8\} =$ _____.

6. 设随机变量 X 的分布函数为 $F(x)$，则 $Y = 3X + 1$ 的分布函数 $G(y) =$ _____.

7. 从数 1，2，3，4 中任取一个数，记为 X，再从 1，2，$\ldots$，X 中任取一个数，记为 Y，则 $P\{Y = 2\} =$ _____.

二、单选题

1. 下面四个选项符合概率分布要求的是 （　　）.

A. $P\{X = x\} = \dfrac{x}{6}(x = 1, 2, 3)$ 　　　B. $P\{X = x\} = \dfrac{x}{4}(x = 1, 2, 3)$

C. $P\{X = x\} = \dfrac{x}{3}(x = -1, 1, 3)$ 　　D. $P\{X = x\} = \dfrac{x^2}{8}(x = -1, 1, 3)$

2. 设随机变量 X 的概率密度 $f(x)$ 是偶函数，$F(x)$ 是 X 的分布函数，则对于任意实数 a，都有 （　　）.

A. $F(-a) = 2F(a) - 1$ B. $F(-a) = 0.5 - \int_0^a f(x)\,\mathrm{d}x$

C. $F(-a) = F(a)$ D. $F(-a) = 1 - \int_0^a f(x)\,\mathrm{d}x$

3. 设连续型随机变量 X 的分布函数为 $F(x)$，概率密度为 $f(x)$，则 $P\{X = x\} = $（   ）.

    A. $F(x)$ B. $f(x)$ C. 0   D. 以上都不对

4. 设随机变量 X 的概率密度为 $f(x)$，则下列函数中为概率密度的是（   ）.

    A. $f(2x)$ B. $f^2(x)$ C. $2xf(x^2)$ D. $3x^2f(x^3)$

5. 设随机变量 $X \sim N(\mu, \sigma^2)$，则随 σ 的增长，概率 $P\{|X - \mu| < \sigma\}$ 应（   ）.

    A. 单调增长   B. 单调减小   C. 保持不变   D. 增减不变

三、计算题

1. 重复独立抛掷一枚硬币，每次出现正面的概率为 $p(0 < p < 1)$，出现反面的概率为 $q = 1 - p$，一直抛到正反都出现为止，求所需抛掷次数的分布列.

2. 在事件 A 发生的概率为 p 的伯努利试验中，若以 X 记第 r 次 A 发生时的试验次数，求 X 的分布.

3. 一批产品，其中有 9 件正品，3 件次品. 现逐一取出使用，直到取出正品为止，求在取到正品以前已取出次品数的分布列、分布函数.

4. 已知某元件使用寿命 T 服从参数 $\lambda = 10000$ 的指数分布（单位：小时）. 完成以下任务：

（1）从这类元件中任取一个，求其使用寿命超过 5000 小时的概率.

（2）某系统独立地使用 10 个这种元件，求在 5000 小时之内这些元件不必更换的个数 X 的分布律.

5. 一批鸡蛋，优良品种占三分之二，一般品种占三分之一，优良品种蛋重（单位：克）$X_1 \sim N(55, 5^2)$，一般品种蛋重 $X_2 \sim N(45, 5^2)$. 完成以下任务：

（1）从中任取一个，求其重量大于 50 克概率.

（2）从中任取两个，求它们的重量都小于 50 克的概率.

6. 某加工过程，若采用甲工艺条件，则完成时间 $X \sim N(40,8^2)$；若采用乙工艺条件，则完成时间 $X \sim N(50,4^2)$. 完成以下任务：

（1）若要求在 60 小时内完成，应选何种工艺条件？

（2）若要求在 50 小时内完成，应选何种工艺条件？

7. 已知随机变量 X 的密度函数为：

$$f(x) = \begin{cases} x, & 0 \leqslant x < 1 \\ 2-x, & 1 \leqslant x < 2 \\ 0, & \text{其他} \end{cases}$$

求：分布函数 $F(x)$；$P\{X < 0.5\}$，$P\{X > 1.3\}$，$P\{0.2 < X \leqslant 1.2\}$.

8. 设随机变量 X 的分布函数为：

$$F(x) = \begin{cases} 0, & x < 0 \\ Ax^2, & 0 \leqslant x \leqslant 1 \\ 1, & x > 1 \end{cases}$$

求：A 的值；X 落在 $\left(-1, \dfrac{1}{2}\right)$ 及 $\left(\dfrac{1}{3}, 2\right)$ 内的概率；X 的概率密度函数.

9. 设随机变量 X 的密度函数是：

$$f(x) = \begin{cases} 3(x-2)^2, & a < x < 3 \\ 0, & \text{其他} \end{cases}$$

求：常数 a；$P(X < 2.5)$.

10. 设随机变量 X 服从参数为 1 的指数分布，求：$Y_1 = |X|$ 的分布函数 $F_1(y)$；$Y_2 = 3X + 2$ 的概率密度函数 $f_2(y)$.

11. 设 X 分别为服从 $U\left[-\dfrac{\pi}{2}, \dfrac{\pi}{2}\right]$ 的随机变量，求 $Y = \sin X$ 的概率密度函数.

第三章　多维随机变量及其分布

```
┌─────────────────────────┐
│      要解决的实际问题      │
└─────────────────────────┘
```

一、服装公司商品的生产计划

　　某服装公司希望能够通过 3 月份的订货单数来预测 5 月份的订货单数，并安排相应的生产. 根据以往积累的资料，3 月份的订货单数 X 与 5 月份的订货单数 Y 有如表 3 - 1 的分布，若已知 3 月份的订货单数为 51，那么 5 月份的订货单数是多少呢？

表 3 - 1

Y ＼ X	51	52	53	54	55
51	0.06	0.05	0.05	0.01	0.01
52	0.07	0.05	0.01	0.01	0.01
53	0.05	0.10	0.10	0.05	0.05
54	0.05	0.02	0.01	0.01	0.03
55	0.05	0.06	0.05	0.01	0.03

二、预习时间和预习质量对听课效率的影响问题

研究表明，预习的时间、质量与听课效率之间存在着某种线性关系．我们根据相应的公式进行计算即可得到某学生的听课效率．为什么预习的时间、质量和听课效率之间存在着线性关系呢? 预习的时间、质量和听课效率之间的线性关系式又是怎么得到的呢?

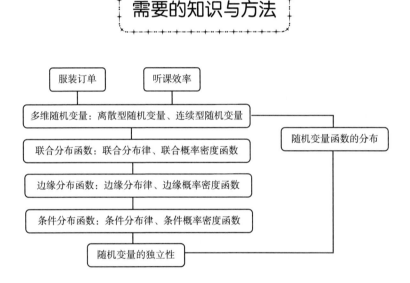

第一节　二维随机变量

在实际问题中，有一些试验的结果需要同时用两个或两个以上的随机变量来描述．例如，研究某地区学龄前儿童的发育情况时，就需要同时抽查儿童的身高 H、体重 W，这里 H 和 W 是定义在同一个样本空间 $S = \{$某地区的全部学龄前儿童$\}$ 上的两个随机变量．又如，制定我国的服装标准时，需同时考虑人体的上身长、臂长、胸围、下肢长、腰围、臀围等多个变量．在这种情况下，我们不但要研究多个随机变量各自的统计规律，而且还要

研究它们之间的统计相依关系，因而需考察它们的联合取值的统计规律，即多维随机变量的分布．由于从二维推广到多维一般无实质性的困难，故我们重点讨论二维随机变量．

一、二维随机变量及其分布函数

定义 3 - 1 设 E 是一个随机试验，它的样本空间是 $S = \{e\}$，设 $X = X(e)$ 和 $Y = Y(e)$ 是定义在 S 上的随机变量，由它们构成的一个向量 (X, Y) 叫作二维随机向量或二维随机变量（见图 3 - 1）．第二章讨论的随机变量也叫一维随机变量．

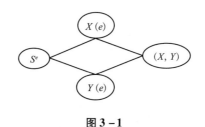

图 3 - 1

二维随机变量 (X, Y) 的性质不仅与 X 及 Y 有关，而且还依赖于这两个随机变量的相互关系．因此，仅仅逐个研究 X 或 Y 的性质是不够的，还需将 (X, Y) 作为一个整体来进行研究．和一维的情况类似，我们也借助 "分布函数" 来研究二维随机变量．

定义 3 - 2 设 (X, Y) 是二维随机变量，对于任意实数 x, y，二元函数 $F(x, y) = P\{X \leq x, Y \leq y\}$ 称为二维随机变量 (X, Y) 的分布函数，或称为随机变量 X 和 Y 的联合分布函数．

如果将二维随机变量 (X, Y) 看成是平面上的随机点，那么，分布函数 $F(x, y)$ 在 (x, y) 处的函数值就是随机点 (X, Y) 落在以点 (x, y) 为顶点而位于该点左下方的无穷矩形域内（见图 3 - 2）的概率．

依照上述解释，随机点 (X, Y) 落在矩形域 $\{(x, y) \mid x_1 < x \leq x_2, y_1 < y \leq y_2\}$（见图 3 - 3）的概率为

$$P\{x_1 < X \leq x_2, y_1 < Y \leq y_2\} = F(x_2, y_2) - F(x_2, y_1) + F(x_1, y_1) - F(x_1, y_2)$$

分布函数 $F(x, y)$ 具有以下的基本性质：

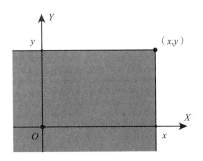

图 3 - 2

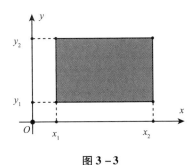

图 3 - 3

（1）$F(x,y)$ 是变量 x 和 y 的不减函数，即对于任意固定的 y，当 $x_2 > x_1$ 时 $F(x_2,y) \geqslant F(x_1,y)$；对于任意固定的 x，当 $y_2 > y_1$ 时 $F(x,y_2) \geqslant F(x,y_1)$.

（2）$0 \leqslant F(x,y) \leqslant 1$，且对于任意固定的 y，$F(-\infty,y) = 0$；对于任意固定的 x，$F(x,-\infty) = 0$；$F(-\infty,-\infty) = 0$，$F(+\infty,+\infty) = 1$.

（3）$F(x,y)$ 关于 x 右连续，关于 y 也右连续，即

$$F(x+0,y) = F(x,y), \quad F(x,y+0) = F(x,y)$$

（4）对于任意 $x_1 < x_2$，$y_1 < y_2$，有

$$F(x_2,y_2) - F(x_2,y_1) + F(x_1,y_1) - F(x_1,y_2) \geqslant 0$$

【例 3 - 1 - 1】判断二元函数 $F(x,y) = \begin{cases} 0, & x+y < 0 \\ 1, & x+y \geqslant 0 \end{cases}$ 是否是某二维随机变量的分布函数.

解：作为二维随机变量的分布函数 $F(x,y)$，对于任意 $x_1 < x_2$，$y_1 < y_2$ 有：

$$F(x_2, y_2) - F(x_2, y_1) + F(x_1, y_1) - F(x_1, x_2) \geqslant 0$$

而本题中 $F(x,y) = \begin{cases} 0, x+y < 0 \\ 1, x+y \geqslant 0 \end{cases}$，若取 $x_1 = -1$，$x_2 = 1$，$y_1 = -1$，$y_2 = 1$，

则：

$$F(x_2, y_2) - F(x_2, y_1) - F(x_1, x_2) + F(x_1, y_1) = 1 - 1 - 1 + 0 < 0$$

故函数 $F(x,y)$ 不能作为某二维随机变量的分布函数.

二、二维离散型随机变量及其分布律

定义 3 - 3 如果二维随机变量 (X,Y) 全部可能取到的值是有限对或可列无限多对，则称 (X,Y) 是离散型的随机变量.

设二维随机变量 (X,Y) 所有可能取的值为 (x_i, y_j)，$i = 1$，2，$\dots$；$j = 1$，2，$\dots$，则称 $P(X = x_i, Y = y_j) = p_{ij}, (i,j = 1,2,\dots)$ 为 (X, Y) 的分布律，或称为 (X,Y) 的联合分布律.

二维离散型随机变量 (X,Y) 的联合分布有时也用表 3 - 2 所示的概率分布表来表示：

表 **3 - 2**

X \\ Y	y_1	y_2	$\dots$	y_j	$\dots$
x_1	p_{11}	p_{12}	$\dots$	p_{1j}	$\dots$
x_2	p_{21}	p_{22}	$\dots$	p_{2j}	$\dots$
$\dots$	$\dots$	$\dots$	$\dots$	$\dots$	$\dots$
x_i	p_{i1}	p_{i2}	$\dots$	p_{ij}	$\dots$
$\dots$	$\dots$	$\dots$	$\dots$	$\dots$	$\dots$

显然，p_{ij} 具有以下性质：

（1）$p_{ij} \geqslant 0, (i,j = 1,2,\dots)$.

（2）$\sum_i \sum_j p_{ij} = 1$.

（3）如果 (X,Y) 是二维离散型随机变量，那么它的分布函数可按

$F(x,y) = \sum\limits_{x_i \leq x} \sum\limits_{y_j \leq y} p_{ij}$ 求得. 这里和式是对一切满足不等式 $x_i \leq x$, $y_j \leq y$ 的 i, j 求和.

【**例 3 - 1 - 2**】1 个口袋中有大小形状相同的 2 红、4 白共 6 个球, 从袋中不放回地取两次球. 设随机变量为:

$$X = \begin{cases} 0, & \text{表示第一次取红球} \\ 1, & \text{表示第一次取白球} \end{cases}, Y = \begin{cases} 0, & \text{表示第二次取红球} \\ 1, & \text{表示第二次取白球} \end{cases}$$

求 (X,Y) 的分布律及 $F(0.5,1)$.

解: 利用概率的乘法公式及条件概率定义, 可得二维随机变量 (X,Y) 的联合分布律:

$$P\{X=0, Y=0\} = P\{X=0\} P\{Y=0 \mid X=0\} = \frac{2}{6} \times \frac{1}{5} = \frac{1}{15}$$

$$P\{X=0, Y=1\} = P\{X=0\} P\{Y=1 \mid X=0\} = \frac{2}{6} \times \frac{4}{5} = \frac{4}{15}$$

$$P\{X=1, Y=0\} = P\{X=1\} P\{Y=0 \mid X=1\} = \frac{4}{6} \times \frac{2}{5} = \frac{4}{15}$$

$$P\{X=1, Y=1\} = P\{X=1\} P\{Y=1 \mid X=1\} = \frac{4}{6} \times \frac{3}{5} = \frac{2}{5}$$

把 (X,Y) 的联合分布律写成表格的形式 (见表 3 - 3):

表 3 - 3

X \ Y	0	1
0	$\frac{1}{15}$	$\frac{4}{15}$
1	$\frac{4}{15}$	$\frac{2}{5}$

$$F(0.5,1) = P\{X=0, Y=0\} + P\{X=0, Y=1\} = \frac{1}{15} + \frac{4}{15} = \frac{1}{3}$$

三、二维连续型随机变量及其密度函数

定义 3 - 4 设二维随机变量 (X,Y) 的分布函数为 $F(x,y)$, 如果存在非

负可积函数 $f(x,y)$ 使对于任意 x, y 有 $F(x,y) = \int_{-\infty}^{y} \int_{-\infty}^{x} f(u,v)\mathrm{d}u\mathrm{d}v$ ，则称 (X,Y) 是连续型的二维随机变量，函数 $f(x,y)$ 称为二维随机变量 (X,Y) 的概率密度，或称为随机变量 X 和 Y 的联合概率密度．

按定义，概率密度 $f(x,y)$ 具有以下性质：

（1）$f(x,y) \geqslant 0$.

（2）$\int_{-\infty}^{+\infty} \int_{-\infty}^{+\infty} f(x,y)\mathrm{d}x\mathrm{d}y = 1$.

（3）设 D 是 xOy 平面上的区域，点 (X,Y) 落在 D 内的概率为

$$P\{(x,y) \in G\} = \iint_D f(x,y)\mathrm{d}x\mathrm{d}y$$

（4）若 $f(x,y)$ 在点 (x,y) 连续，则有 $\dfrac{\partial^2 F(x,y)}{\partial x \partial y} = f(x,y)$.

这里的性质（1）和性质（2）是概率密度的基本性质．我们不加证明地指出：任何一个二元实函数 $f(x,y)$ ，若它满足性质（1）和性质（2），则它可以成为某二维随机变量的概率密度．

【例 3-1-3】设二维随机变量 (X,Y) 具有概率密度：

$$f(x,y) = \begin{cases} 2\mathrm{e}^{-(2x+y)}, & x>0, y>0 \\ 0, & \text{其他} \end{cases}$$

求：分布函数 $F(x,y)$ ；概率 $P\{Y \leqslant X\}$.

解：（1）$F(x,y) = \int_{-\infty}^{y} \int_{-\infty}^{x} f(x,y)\mathrm{d}x\mathrm{d}y$

$$= \begin{cases} \iint_0^y \int_0^x 2\mathrm{e}^{-(2x+y)}\mathrm{d}x\mathrm{d}y, & x>0, y>0 \\ 0, & \text{其他} \end{cases}$$

$$= \begin{cases} (1-\mathrm{e}^{-2x})(1-\mathrm{e}^{-y}), & x>0, y>0 \\ 0, & \text{其他} \end{cases}$$

（2）将 (X,Y) 看作是平面上随机点的坐标，即有：

$$\{Y \leqslant X\} = \{(X,Y) \in D\}$$

其中 D 为如图 3-4 所示的阴影部分，于是

$$P\{Y \leqslant X\} = P\{(X,Y) \in D\}$$

$$= \iint\limits_{D} f(x,y)\,\mathrm{d}x\mathrm{d}y$$

$$= \int_{0}^{+\infty} \int_{y}^{+\infty} 2\mathrm{e}^{-(2x+y)}\,\mathrm{d}x\mathrm{d}y = \frac{1}{3}$$

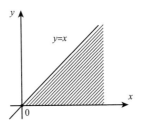

图 3 – 4

以上关于二维随机变量的讨论，不难推广到 $n(n > 2)$ 维随机变量的情况．设 E 是随机试验，它的样本空间是 $S = \{e\}$，设 $X_1 = X_1(e)$，$X_2 = X_2(e)$，…，$X_n = X_n(e)$ 是定义在 S 上的随机变量，由它们构成的 n 维向量 $(X_1, X_2, \ldots, X_n)$ 叫作 n 维随机向量或 n 维随机变量．

对任意 n 个实数 $x_1, x_2, \ldots, x_n$，有 n 元函数：

$$F(x_1, x_2, \ldots, x_n) = P\{X_1 \leqslant x_1, X_2 \leqslant x_2, \ldots, X_n \leqslant x_n\}$$

则称该函数为 n 维随机变量 $(X_1, X_2, \ldots, X_n)$ 的分布函数或随机变量 $X_1, X_2, \ldots, X_n$ 的联合分布函数．它具有类似于二维随机变量分布函数的性质．

第二节 边缘分布

二维随机变量 (X,Y) 作为一个整体，具有分布函数 $F(x,y)$．而 X，Y 都是随机变量，也有各自的分布，即边缘分布．

一、边缘分布函数

设二维随机变量 (X,Y) 的分布函数为 $F(x,y)$，若：

$$F_X(x) = P\{X \leqslant x\} = P\{X \leqslant x, Y < +\infty\} = F(x, +\infty), x \in R$$

$$F_Y(y) = P\{Y \leqslant y\} = P\{X < +\infty, Y \leqslant y\} = F(+\infty, y), y \in R$$

则称 $F_X(x)$，$F_Y(y)$ 为二维随机变量 (X, Y) 关于 X 和 Y 的边缘分布函数.

【例 3 - 2 - 1】设二维随机变量 (X, Y) 具有分布函数：

$$F(x, y) = \frac{1}{\pi^2}\left(\frac{\pi}{2} + \arctan x\right)\left(\frac{\pi}{2} + \arctan y\right), (x, y) \in R^2$$

求 X 和 Y 的边缘分布函数 $F_X(x)$ 和 $F_Y(y)$.

解：$F_X(x) = F(x, +\infty) = \lim\limits_{y \to +\infty} \dfrac{1}{\pi^2}\left(\dfrac{\pi}{2} + \arctan x\right)\left(\dfrac{\pi}{2} + \arctan y\right)$

$$= \frac{1}{\pi}\left(\frac{\pi}{2} + \arctan x\right) = \frac{1}{2} + \frac{1}{\pi}\arctan x, x \in R$$

$$F_Y(y) = F(+\infty, y) = \lim\limits_{x \to +\infty} \frac{1}{\pi^2}\left(\frac{\pi}{2} + \arctan x\right)\left(\frac{\pi}{2} + \arctan y\right)$$

$$= \frac{1}{\pi}\left(\frac{\pi}{2} + \arctan y\right) = \frac{1}{2} + \frac{1}{\pi}\arctan y, y \in R$$

二、离散型随机变量的边缘分布律

设二维离散型随机变量 (X, Y) 具有分布律：$P(X = a_i, Y = b_j) = p_{ij}(i, j = 1, 2, \ldots)$，则随机变量 X 的分布律为 (X, Y) 关于 X 的边缘分布律，随机变量 Y 的分布律为 (X, Y) 关于 Y 的边缘分布律.

$$P\{X = a_i\} = P\{X = a_i, Y < +\infty\}$$

$$= \sum_{j=1}^{\infty} P\{X = a_i, Y = b_j\} = \sum_{j=1}^{\infty} p_{ij}, i = 1, 2, \ldots$$

$$P\{Y = b_j\} = P\{X < +\infty, Y = b_j\}$$

$$= \sum_{i=1}^{\infty} P\{X = a_i, Y = b_j\} = \sum_{i=1}^{\infty} p_{ij}, j = 1, 2, \ldots$$

记：$p_{i\cdot} = \sum\limits_{j=1}^{\infty} p_{ij} = P\{X = a_i\}, i = 1, 2, \ldots$

$\quad\quad p_{\cdot j} = \sum\limits_{i=1}^{\infty} p_{ij} = P\{Y = b_j\}, j = 1, 2, \ldots$

所以，(X,Y)关于X的边缘分布律如表3-4所示：

表3-4

X	x_1	x_2	$\cdots$	x_i	$\cdots$
$p_i.$	$p_1.$	$p_2.$	$\cdots$	$p_i.$	$\cdots$

(X,Y)关于Y的边缘分布律如表3-5所示：

表3-5

Y	y_1	y_2	$\cdots$	y_j	$\cdots$
$p._j$	$p._1$	$p._2$	$\cdots$	$p._j$	$\cdots$

【例3-2-2】设(X,Y)的联合分布律如表3-6所示。试求(X,Y)关于X,Y的边缘分布律.

表3-6

X \ Y	0	1	2	3
0	1/27	1/9	1/9	1/27
1	1/9	2/9	1/9	0
2	1/9	1/9	0	0
3	1/27	0	0	0

解：由联合分布律做表3-7：

表3-7

X \ Y	0	1	2	3	$p_i.$
0	1/27	1/9	1/9	1/27	8/27
1	1/9	2/9	1/9	0	4/9
2	1/9	1/9	0	0	2/9
3	1/27	0	0	0	1/27
$p._j$	8/27	4/9	2/9	1/27	

所以，(X,Y) 关于 X 的边缘分布律如表 3 - 8 所示：

表 3 - 8

X	0	1	2	3
p_i.	8/27	4/9	2/9	1/27

(X,Y) 关于 Y 的边缘分布律如表 3 - 9 所示：

表 3 - 9

Y	0	1	2	3
$p_{\cdot j}$	8/27	4/9	2/9	1/27

三、连续型随机变量的边缘概率密度函数

设连续型随机变量 (X,Y) 的概率密度为 $f(x,y)$，由 $F_X(x) = F(x,\infty) = \int_{-\infty}^{x} \int_{-\infty}^{+\infty} f(x,y)\mathrm{d}y\mathrm{d}x$ 知，X 是连续型随机变量，其概率密度函数为：

$$f_X(x) = \int_{-\infty}^{+\infty} f(x,y)\mathrm{d}y$$

同样，Y 也是连续型随机变量，其概率密度函数为：

$$f_y(y) = \int_{-\infty}^{+\infty} f(x,y)\mathrm{d}x$$

称 $f_X(x)$，$f_Y(y)$ 为 (X,Y) 关于 X 和 Y 的边缘概率密度函数.

【例 3 - 2 - 3】设随机变量 (X,Y) 具有联合概率密度 $f(x,y) = \begin{cases} 6, & x^2 \leqslant y \leqslant x \\ 0, & 其他 \end{cases}$，
求边缘概率密度 $f_X(x)$，$f_Y(y)$.

解：$f_X(x) = \int_{-\infty}^{+\infty} f(x,y)\mathrm{d}y = \begin{cases} \int_{x^2}^{x} 6\mathrm{d}y = 6(x - x^2), & 0 \leqslant x \leqslant 1 \\ 0, & 其他 \end{cases}$

$f_Y(y) = \int_{-\infty}^{+\infty} f(x,y)\mathrm{d}x = \begin{cases} \int_{y}^{\sqrt{y}} 6\mathrm{d}x = 6(\sqrt{y} - y), & 0 \leqslant y \leqslant 1 \\ 0, & 其他 \end{cases}$

【例 3 - 2 - 4】设二维随机变量 (X,Y) 的概率密度为：

$$f(x,y) = \frac{1}{2\pi\sigma_1\sigma_2\sqrt{1-\rho^2}}\exp\left(\frac{-1}{2(1-\rho^2)}\left(\frac{(x-\mu_1)^2}{\sigma_1^2} - 2\rho\frac{(x-\mu_1)(y-\mu_2)}{\sigma_1\sigma_2} + \frac{(y-\mu_2)^2}{\sigma_2^2}\right)\right)$$

$\sigma_1 > 0, \sigma_2 > 0, -1 < \rho < 1$，其中 $\mu_1, \mu_2, \sigma_1, \sigma_2, \rho$ 都是常数，称 (X,Y) 为服从参数为 $\mu_1, \mu_2, \sigma_1, \sigma_2, \rho$ 的二维正态分布，记为 $(X,Y) \sim N(\mu_1, \mu_2, \sigma_1^2, \sigma_2^2, \rho)$。试求二维正态随机变量的边缘概率密度。

解：$f_X(x) = \displaystyle\int_{-\infty}^{+\infty} f(x,y)\,\mathrm{d}y$

因为 $\dfrac{(y-\mu_2)^2}{\sigma_2^2} - 2\rho\dfrac{(x-\mu_1)(y-\mu_2)}{\sigma_1\sigma_2} = \left(\dfrac{y-\mu_2}{\sigma^2} - \rho\dfrac{x-\mu_1}{\sigma_1}\right)^2 - \rho^2\dfrac{(x-\mu_1)^2}{\sigma_1^2}$，

于是 $f_X(x) = \dfrac{1}{2\pi\sigma_1\sigma_2\sqrt{1-\rho^2}}\mathrm{e}^{-\frac{(x-\mu_1)^2}{2\sigma_1^2}}\displaystyle\int_{-\infty}^{+\infty}\mathrm{e}^{-\frac{1}{2(1-\rho^2)}\left(\frac{y-\mu_2}{\sigma_2} - \rho\frac{x-\mu_1}{\sigma_1}\right)^2}\,\mathrm{d}y$。

令 $t = \dfrac{1}{\sqrt{1-\rho^2}}\left(\dfrac{y-\mu_2}{\sigma_2} - \rho\dfrac{x-\mu_1}{\sigma_1}\right)$，则有 $f_X(x) = \dfrac{1}{2\pi\sigma_1}\mathrm{e}^{-\frac{(x-\mu_1)^2}{2\sigma_1^2}}\displaystyle\int_{-\infty}^{+\infty}\mathrm{e}^{-t^2/2}\,\mathrm{d}t$，

即 $f_X(x) = \dfrac{1}{\sqrt{2\pi}\sigma_1}\mathrm{e}^{-\frac{(x-\mu_1)^2}{2\sigma_1^2}}$，$-\infty < x < +\infty$。

同理 $f_X(y) = \dfrac{1}{\sqrt{2\pi}\sigma_2}\mathrm{e}^{-\frac{(y-\mu_2)^2}{2\sigma_2^2}}$，$-\infty < y < +\infty$。

由此可见二维正态分布的两个边缘分布都是一维正态分布，且不依赖于参数 ρ，亦即对于给定的 μ_1，μ_2，σ_1，σ_2，不同的 ρ 对应不同的二维正态分布，它们的边缘分布却都是一样的。这一事实表明，由 (X,Y) 关于 X 和 Y 的边缘分布，一般来说不能确定随机变量 X 和 Y 的联合分布。

第三节　条件分布

由条件概率很自然地引出条件概率分布的概念。所谓随机变量 X 的条件分布，就是在给定 Y 取某个值的条件下 X 的分布。

一、离散型随机变量的条件分布律

设 (X,Y) 是二维离散型随机变量，其分布律为 $P\{X = x_i, Y = y_j\} = p_{ij}$，

$i,j=1,2,\cdots,$ 则(X,Y)关于X、Y的边缘分布律分别为：

$$P\{X=x_i\}=p_{i\cdot}=\sum_{j=1}^{\infty}p_{ij},i=1,2,\cdots$$

$$P\{Y=y_j\}=p_{\cdot j}=\sum_{i=1}^{\infty}p_{ij},j=1,2,\cdots$$

设$p_{\cdot j}>0$，由条件概率的定义，可得在事件$Y=y_j$发生的条件下事件$X=x_i$发生的概率，即事件$\{X=x_i\mid Y=y_j\},i=1,2,\cdots,$的概率为：

$$P\{X=x_i\mid Y=y_j\}=\frac{P\{X=x_i,Y=y_j\}}{P\{Y=y_j\}}=\frac{p_{ij}}{p_{\cdot j}},i=1,2,\cdots$$

上述条件概率满足分布律的两个基本性质.

定义 3-5 设(X,Y)是二维离散型随机变量，对于固定的j，若$P\{Y=y_j\}>0$，则称 $P\{X=x_i\mid Y=y_j\}=\dfrac{P\{X=x_i,Y=y_j\}}{P\{Y=y_j\}}=\dfrac{p_{ij}}{p_{\cdot j}},i=1,2,\cdots,$ 为$Y=y_j$的条件下随机变量X的条件分布律.

同样，对于固定的i，若$P\{X=x_i\}>0$，则称

$$P\{Y=y_j\mid X=x_i\}=\frac{P\{X=x_i,Y=y_j\}}{P\{X=x_i\}}=\frac{p_{ij}}{p_{i\cdot}},j=1,2,\cdots$$

为在$X=x_i$的条件下随机变量Y的条件分布律.

【例 3-3-1】 利用条件分布律来解决第三章开始处的"一、服装公司商品的生产计划"问题.

解：由(X,Y)联合分布律知$P(X=51)=0.28,$

$$P\{Y=y_j\mid X=51\}=\frac{P\{X=51,Y=y_j\}}{P\{X=51\}},j=1,2,\cdots$$

所以在已知 3 月份订单数为 51 的条件下，5 月份订单数的分布律如表 3-10 所示：

表 3-10

$\{Y=y_j\mid X=51\}$	51	52	53	54	55
P	$\dfrac{6}{28}$	$\dfrac{7}{28}$	$\dfrac{5}{28}$	$\dfrac{5}{28}$	$\dfrac{5}{28}$

可以利用第四章的数学期望，计算出 5 月份订单数的平均值，以此来安排生产计划.

【例 3 - 3 - 2】设在一段时间内进入某一商店的顾客人数 X 服从泊松分布 $P(\lambda)$，每个顾客购买某种商品的概率为 p，并且各个顾客是否购买该种物品相互独立，求进入商店的顾客购买这种物品的人数 Y 的分布律.

解：由题意知 $P\{X=k\}=\dfrac{\lambda^k}{k!}\mathrm{e}^{-\lambda},k=1,2,\ldots$，如果进入商店的人数 $X=m$，则购买该种商品的人数 Y 服从参数为 m，p 的二项分布，即：

$$P\{Y=k\mid X=m\}=C_m^k p^k(1-p)^{m-k},k=0,1,2,\ldots$$

由全概率公式，得：

$$P(Y=k)=\sum_{m=0}^{\infty}P\{Y=k\mid X=m\}P\{X=m\}=\dfrac{(\lambda p)^k}{k!}\mathrm{e}^{-\lambda p},k=1,2,\ldots$$

所以购买该种商品的人数服从参数为 λp 的泊松分布.

二、连续型随机变量的条件概率密度函数

设 (X,Y) 的概率密度为 $f(x,y)$，(X,Y) 关于 Y 的边缘概率密度函数为 $f_Y(y)$. 给定 y，对于任意 $\varepsilon>0$，对于任意实数 x，考虑条件概率

$$P\{X\leqslant x\mid y<Y\leqslant y+\varepsilon\}$$

设 $P\{y<Y\leqslant y+\varepsilon\}>0$，则有：

$$\begin{aligned}P\{X\leqslant x\mid y<Y\leqslant y+\varepsilon\}&=\frac{P\{X\leqslant x,y<Y\leqslant y+\varepsilon\}}{P\{y<Y\leqslant y+\varepsilon\}}\\&=\frac{\int_{-\infty}^{x}\int_{y}^{y+\varepsilon}f(x,y)\mathrm{d}y\mathrm{d}x}{\int_{y}^{y+\varepsilon}f_Y(y)\mathrm{d}y}\quad(3-1)\end{aligned}$$

在某些条件下，当 ε 很小时，式（3 - 1）右端分子、分母分别近似于 $\varepsilon\int_{-\infty}^{x}f(x,y)\mathrm{d}x$ 和 $\varepsilon f_Y(y)$，于是当 ε 很小时，有：

$$P\{X\leqslant x\mid y<Y\leqslant y+\varepsilon\}\approx\frac{\varepsilon\int_{-\infty}^{x}f(x,y)\mathrm{d}x}{\varepsilon f_Y(y)}=\int_{-\infty}^{x}\frac{f(x,y)}{f_Y(y)}\mathrm{d}x$$

与一维随机变量概率密度的定义比较，我们给出以下的定义.

定义 3-6 设 (X,Y) 的概率密度为 $f(x,y)$，(X,Y) 关于 Y 的边缘概率密度函数为 $f_Y(y)$. 若对于固定的 y，$f_Y(y) > 0$，则称 $\dfrac{f(x,y)}{f_Y(y)}$ 为 $Y = y$ 的条件下 X 的条件概率密度，记为 $f_{X|Y}(x|y)$，即 $f_{X|Y}(x|y) = \dfrac{f(x,y)}{f_Y(y)}$. 称

$$\int_{-\infty}^{x} f_{X|Y}(x|y)\mathrm{d}x = \int_{-\infty}^{x} \frac{f(x,y)}{f_Y(y)}\mathrm{d}x$$ 为 $Y = y$ 的条件下 X 的条件分布函数，记为 $F_{X|Y}(x|y)$ 或 $P\{X \leqslant x|Y = y\}$，即

$$F_{X|Y}(x|y) = P\{X \leqslant x|Y = y\} = \int_{-\infty}^{x} \frac{f(x,y)}{f_Y(y)}\mathrm{d}x$$

类似地，可以定义 $X = x$ 的条件下 Y 的条件概率密度函数

$$f_{Y|X}(y|x) = \frac{f(x,y)}{f_X(x)}$$

和 $X = x$ 的条件下 Y 的条件分布函数

$$F_{Y|X}(y|x) = \int_{-\infty}^{x} \frac{f(x,y)}{f_X(x)}\mathrm{d}y$$

【例 3-3-3】 设二维随机变量 $(X,Y) \sim N(\mu_1,\mu_2,\sigma_1^2,\sigma_2^2,\rho)$，试求 $X = x$ 条件下 Y 的分布.

解： 由二维正态分布的概率密度函数以及边缘概率密度函数可知：

$$f_{Y|X}(y|x) = \frac{f(x,y)}{f_X(x)}$$

$$= \frac{1}{\sigma_2\sqrt{2\pi(1-\rho^2)}}\exp\left(\frac{-1}{2\sigma_2^2(1-\rho^2)}\left(y - \mu_2 - \frac{\rho\sigma_2(x-\mu_1)}{\sigma_1}\right)\right)$$

即 $Y \sim N\left(\mu_2 + \dfrac{\rho\sigma_2(x-\mu_1)}{\sigma_1}, \sigma_2^2(1-\rho^2)\right)$.

由统计资料可知，人的身高、脚印长度是服从二维正态分布的随机变量，知道其中的一个变量即可求出对应的条件概率密度函数，也就可以估计出相应的概率. 侦破工作中的身高、脚印长度公式就依赖于这两个变量的分布，只要找到身高与脚印长度之间的关系，就可以通过脚长推测身高.

第四节　随机变量的独立性

前面我们学习了随机事件的相互独立性，下面利用事件相互独立性引出随机变量相互独立的概念.

一、两个随机变量的独立性

定义 3 - 7　设 $F(x,y)$ 及 $F_X(x)$，$F_Y(y)$ 分别是二维随机变量 (X,Y) 的分布函数及边缘分布函数. 若对任意 x，y，都有

$$P\{X \leqslant x, Y \leqslant y\} = P\{X \leqslant x\} P\{Y \leqslant y\}$$

即 $F(x,y) = F_X(x) F_Y(y)$，则称随机变量 X 和 Y 是相互独立的.

设 (X,Y) 是连续型随机变量，$f(x,y)$，$f_X(x)$，$f_Y(y)$ 分别为 (X,Y) 的概率密度和边缘概率密度，则随机变量 X 和 Y 相互独立的条件等价于 $f(x,y) = f_X(x) f_Y(y)$ 在平面上几乎处处成立.

当 (X,Y) 是离散型随机变量时，X 和 Y 相互独立的条件等价于对于 (X,Y) 所有可能的取值 (x_i, y_j)，都有 $P\{X = x_i, Y = y_j\} = P\{X = x_i\} P\{Y = y_j\}$.

例如 ［例 3 - 1 - 3］ 中的随机变量 X 和 Y，由于:

$$f_X(x) = \begin{cases} 2\mathrm{e}^{-2x}, & x > 0 \\ 0, & \text{其他} \end{cases}, \quad f_Y(y) = \begin{cases} \mathrm{e}^{-y}, & y > 0 \\ 0, & \text{其他} \end{cases}$$

故有 $f(x,y) = f_X(x) f_Y(y)$，因而随机变量 X 和 Y 是相互独立的.

又如，若随机变量 X 和 Y 具有如表 3 - 11 所示的联合分布律:

表 3 - 11

Y \ X	0	1	$P\{Y = j\}$
1	1/6	2/6	1/2
2	1/6	2/6	1/2
$P\{X = i\}$	1/3	2/3	1

则因为：

$$P\{X=0,Y=1\}=1/6=P\{X=0\}P\{Y=1\}$$
$$P\{X=0,Y=2\}=1/6=P\{X=0\}P\{Y=2\}$$
$$P\{X=1,Y=1\}=2/6=P\{X=1\}P\{Y=1\}$$
$$P\{X=1,Y=2\}=2/6=P\{X=1\}P\{Y=2\}$$

所以随机变量 X 和 Y 是相互独立的．

下面考察二维正态随机变量 (X,Y)．其概率密度为：

$$f(x,y)=\frac{1}{2\pi\sigma_1\sigma_2\sqrt{1-\rho^2}}\exp\left(\frac{-1}{2(1-\rho^2)}\left(\frac{(x-\mu_1)^2}{\sigma_1^2}-2\rho\frac{(x-\mu_1)(x-\mu_2)}{\sigma_1\sigma_2}+\frac{(y-\mu_2)^2}{\sigma_2^2}\right)\right)$$

边缘概率密度 $f_X(x)$，$f_Y(y)$ 的乘积为：

$$f_X(x)f_Y(y)=\frac{1}{2\pi\sigma_1\sigma_2}\exp\left(-\frac{1}{2}\left(\frac{(x-\mu_1)^2}{\sigma_1^2}+\frac{(y-\mu_2)^2}{\sigma_2^2}\right)\right)$$

如果 $\rho=0$，则对于所有 x，y 有 $f(x,y)=f_X(x)f_Y(y)$，即 X 和 Y 相互独立．反之，如果 X 和 Y 相互独立，对任意的 x，y，都有 $f(x,y)=f_X(x)f_Y(y)$．

特别地，令 $x=\mu_1$，$y=\mu_2$，可得 $\dfrac{1}{2\pi\sigma_1\sigma_2\sqrt{1-\rho^2}}=\dfrac{1}{2\pi\sigma_1\sigma_2}$，故 $\rho=0$.

综上所述，得到以下结论：

二维正态随机变量 (X,Y)，X 与 Y 相互独立的充要条件是 $\rho=0$.

二、多维随机变量的独立性

以上所述关于二维随机变量的一些概念，容易推广到 n 维变量的情况．

n 维随机变量 $(X_1,X_2,\ldots,X_n)$ 的分布函数定义为：

$$F(x_1,x_2,\ldots,x_n)=P\{X_1\le x_1,X_2\le x_2,\ldots,X_n\le x_n\}$$，其中 $x_1,x_2,\ldots,x_n$ 为任意实数．

若存在非负可积函数 $f(x_1,x_2,\ldots,x_n)$，对任意实数 $x_1,x_2,\ldots,x_n$ 有：

$$F(x_1,x_2,\ldots,x_n)=\int_{-\infty}^{x_n}\int_{-\infty}^{x_{n-1}}\ldots\int_{-\infty}^{x_1}f(x_1,x_2,\ldots,x_n)\,dx_1dx_2\ldots dx_n$$

则称 $f(x_1,x_2,\ldots,x_n)$ 为 $(X_1,X_2,\ldots,X_n)$ 的概率密度函数．

设 $(X_1, X_2, \ldots, X_n)$ 的分布函数 $F(x_1, x_2, \ldots, x_n)$ 为已知，则 $(X_1, X_2, \ldots, X_n)$ 的 $k(1 \leqslant k \leqslant n)$ 维边缘分布函数随之确定，例如 $(X_1, X_2, \ldots, X_n)$ 关于 X_1，(X_1, X_2) 的边缘分布函数分别为：

$$F_{X_1}(x_1) = F(x_1, \infty, \infty, \ldots, \infty)$$
$$F_{X_1, X_2}(x_1, x_2) = F(x_1, x_2, \infty, \infty, \ldots, \infty)$$

又若 $f(x_1, x_2, \ldots, x_n)$ 是 $(X_1, X_2, \ldots, X_n)$ 的概率密度，则 $(X_1, X_2, \ldots, X_n)$ 关于 X_1，(X_1, X_2) 的边缘概率密度分别为：

$$f_{X_1}(x_1) = \int_{-\infty}^{\infty} \int_{-\infty}^{\infty} \ldots \int_{-\infty}^{\infty} f(x_1, x_2, \ldots, x_n) \, dx_2 dx_3 \ldots dx_n$$

$$f_{X_1, X_2}(x_1, x_2) = \int_{-\infty}^{\infty} \int_{-\infty}^{\infty} \ldots \int_{-\infty}^{\infty} f(x_1, x_2, \ldots, x_n) \, dx_3 dx_4 \ldots dx_n$$

若对于所有的 $x_1, x_2, \ldots, x_n$ 有：

$$F(x_1, x_2, \ldots, x_n) = F_{X_1}(x_1) F_{X_2}(x_2) \ldots F_{X_n}(x_n)$$

则称 $X_1, X_2, \ldots, X_n$ 是相互独立的．

若对于所有的 $x_1, x_2, \ldots, x_m$；$y_1, y_2, \ldots, y_n$ 有：

$$F(x_1, x_2, \ldots, x_m, y_1, y_2, \ldots, y_n) = F_1(x_1, x_2, \ldots, x_m) F_2(y_1, y_2, \ldots, y_n)$$

其中 F_1，F_2，F 依次为随机变量 $(X_1, X_2, \ldots, X_m)$，$(Y_1, Y_2, \ldots, Y_n)$ 和 $(X_1, X_2, \ldots, X_m, Y_1, Y_2, \ldots, Y_n)$ 的分布函数，则称随机变量 $(X_1, X_2, \ldots, X_m)$ 和 $(Y_1, Y_2, \ldots, Y_n)$ 是相互独立的．

由此可得以下的定理：

定理 3 – 1　设 $(X_1, X_2, \ldots, X_m)$ 和 $(Y_1, Y_2, \ldots, Y_n)$ 是独立的，则 $X_i(i = 1, 2, \ldots, m)$ 和 $Y_j(j = 1, 2, \ldots, n)$ 相互独立，又 h，g 是连续函数，则 $h(X_1, X_2, \ldots, X_m)$ 和 $g(Y_1, Y_2, \ldots, Y_n)$ 相互独立．

第五节　二维随机变量函数的分布

与一维随机变量函数的分布类似，本节着重讨论二维随机变量函数的分布，即已知二维随机变量 (X, Y) 的分布，$g(x, y)$ 为二元连续函数，求随

机变量 $Z = g(X, Y)$ 的分布. 本节重点研究以下三个函数: $Z = \max(X, Y)$, $Z = \min(X, Y)$ 和 $Z = X + Y$.

下面分别就离散型随机变量和连续型随机变量进行讨论, 其方法可以推广到多维随机变量的情形.

一、二维离散型随机变量函数的分布

对于二维离散型随机变量 (X, Y), 当 $g(x, y)$ 是二元连续函数时, 其函数 $Z = g(X, Y)$ 是一维离散型随机变量. 当 (X, Y) 的分布律已知时, 求其函数 $Z = g(X, Y)$ 的分布律, 主要方法有表格法和分析法.

【例 3 − 5 − 1】设 (X, Y) 的分布律如表 3 − 12 所示, 试求以下两随机变量的分布律: $Z_1 = X + Y$; $Z_2 = \min(X, Y)$.

表 3 − 12

X＼Y	0	1
0	0.36	0.24
1	0.24	0.16

解: 用表格法求解函数的分布如表 3 − 13 所示:

表 3 − 13

(X, Y)	(0, 0)	(0, 1)	(1, 0)	(1, 1)
Z_1	0	1	1	2
Z_2	0	0	0	1
P	0.36	0.24	0.24	0.16

所以, 随机变量 Z_1, Z_2 的分布律分别如表 3 − 14 和表 3 − 15 所示:

表 3 − 14

Z_1	0	1	2
P	0.36	0.48	0.16

表 3 – 15

Z_2	0	1
P	0.84	0.16

【例 3 – 5 – 2】设 $X \sim B(m,p)$，$Y \sim B(n,p)$，且 X 和 Y 相互独立，试证明：$Z = X + Y \sim B(m + n, p)$。

证：因为 X 的可能取值为 $0,1,2,\dots,m$，Y 的可能取值为 $0,1,2,\dots,n$，所以 $Z = X + Y$ 的可能取值为 $0,1,2,\dots,m + n$。又：

$$P\{X = i\} = C_m^i p^i (1 - p)^{m - i}, \quad i = 0,1,2,\dots m$$

$$P\{Y = j\} = C_n^j p^j (1 - p)^{n - j}, \quad j = 0,1,2,\dots n$$

$$
\begin{aligned}
P\{Z = k\} &= P\{X + Y = k\} \\
&= \sum_{i=0}^{k} P\{X = i, Y = k - i\} \\
&= \sum_{i=0}^{k} P\{X = i\} P\{Y = k - i\} \text{（由 } X \text{ 和 } Y \text{ 相互独立）} \\
&= \sum_{i=0}^{k} C_m^i p^i (1 - p)^{m - i} C_n^{k - i} p^{k - i} (1 - p)^{n - k + i} \\
&= p^k (1 - p)^{m + n - k} \sum_{i=0}^{k} C_m^i C_n^{k - i} \\
&= C_{m+n}^k p^k (1 - p)^{m + n - k}
\end{aligned}
$$

故 $Z = X + Y \sim B(m + n, p)$。

特别地，如果 $X_1, X_2, \dots, X_n$ 独立同分布，且 $X_i \sim B(1, p)$，则 $\sum_{i=1}^{n} X_i \sim B(n, p)$。对于泊松分布也具有该性质，读者自行证明。

二、二维连续型随机变量函数的分布

对于二维连续型随机变量 (X, Y)，当 $g(x, y)$ 是二元连续函数时，函数 $Z = g(X, Y)$ 是连续型随机变量。

(X, Y) 的概率密度函数已知时，求函数 $Z = g(X, Y)$ 的概率密度函数采用的方法为分布函数法。具体步骤是：先求分布函数 $F_Z(z) = P\{g(X, Y) \leqslant z\}$；再求密度函数 $f_Z(z) = F_Z'(z)$。

【例 3 - 5 - 3】设 X，Y 为相互独立的连续型随机变量，其分布函数和概率密度函数分别为：$F_X(x)$，$F_Y(y)$，$f_X(x)$ 和 $f_Y(y)$，求 $Z_1 = \max(X, Y)$，$Z_2 = \min(X, Y)$ 和 $Z_3 = X + Y$ 的分布函数和概率密度函数.

解：（1）
$$
\begin{aligned}
F_{Z_1}(z) &= P\{Z_1 \leqslant z\} \\
&= P\{\max(X, Y) \leqslant z\} \\
&= P\{X \leqslant z, Y \leqslant z\} \\
&= P\{X \leqslant z\} P\{Y \leqslant z\} = F_X(z) F_Y(z)
\end{aligned}
$$

$$
\begin{aligned}
f_{Z_1}(z) &= F'_{Z_1}(z) \\
&= F'_X(z) F_Y(z) + F_X(z) F'_Y(z) \\
&= f_X(z) F_Y(z) + F_X(z) f_Y(z)
\end{aligned}
$$

（2）
$$
\begin{aligned}
F_{Z_2}(z) &= P\{Z_2 \leqslant z\} \\
&= P\{\min(X, Y) \leqslant z\} \\
&= 1 - P\{\min(X, Y) > z\} \\
&= 1 - P\{X > z, Y > z\} \\
&= 1 - P\{X > z\} P\{Y > z\} \\
&= 1 - (1 - F_X(z))(1 - F_Y(z))
\end{aligned}
$$

$$
\begin{aligned}
f_{Z_2}(z) &= F'_{Z_2}(z) \\
&= f_X(z)(1 - F_Y(z)) + f_Y(z)(1 - F_X(z))
\end{aligned}
$$

（3）令 $t = x + y$，则：

$$
\begin{aligned}
F_{Z_3}(z) &= P\{Z_3 \leqslant z\} \\
&= P\{X + Y \leqslant z\} \\
&= \iint\limits_{x+y \leqslant z} f(x, y) \, \mathrm{d}x \mathrm{d}y \\
&= \int_{-\infty}^{+\infty} \mathrm{d}x \int_{-\infty}^{z-x} f(x, y) \, \mathrm{d}y \\
&= \int_{-\infty}^{+\infty} \mathrm{d}x \int_{-\infty}^{z} f(x, t - x) \, \mathrm{d}t = \int_{-\infty}^{z} \mathrm{d}t \int_{-\infty}^{+\infty} f(x, t - x) \, \mathrm{d}x
\end{aligned}
$$

$$
\begin{aligned}
f_{Z_3}(z) &= F'_{Z_3}(z) \\
&= \int_{-\infty}^{+\infty} f(x, z - x) \, \mathrm{d}x, z \in R
\end{aligned}
$$

特别地，当 X 与 Y 相互独立时：

$$
f_{Z_3}(z) = \int_{-\infty}^{+\infty} f_X(x) f_Y(z - x) \, \mathrm{d}x, z \in R
$$

以上结果推广到 n 个独立的随机变量的情况时，得到以下结论：

设 $X_1, X_2, \ldots, X_n$ 是 n 个相互独立的随机变量. 它们的分布函数分别为 $F_{X_i}(x_i), i = 1, 2, \ldots, n$，则 $M = \max\{X_1, X_2, \ldots, X_n\}$ 及 $N = \min\{X_1, X_2, \ldots, X_n\}$ 的分布函数分别为：

$$F_{\max}(z) = F_{X_1}(z) F_{X_2}(z) \ldots F_{X_n}(z)$$

$$F_{\min}(z) = 1 - (1 - F_{X_1}(z))(1 - F_{X_2}(z)) \ldots (1 - F_{X_n}(z))$$

特别地，当 $X_1, X_2, \ldots, X_n$ 相互独立且具有相同分布函数 $F(x)$ 时有：

$$F_{\max}(z) = (F(z))^n$$

$$F_{\min}(z) = 1 - (1 - F(z))^n$$

【例 $3-5-4$】设系统 R 由两个相互独立的子系统 R_1 和 R_2 连接而成，连接方式为：串联；并联；备用（即当系统 R_1 坏时，子系统 R_2 接着工作）. 如图 $3-5$ 所示.

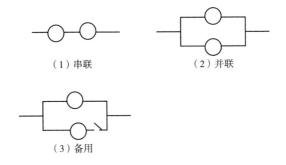

（1）串联　　　（2）并联

（3）备用

图 $3-5$

已知 R_1，R_2 的寿命 X 与 Y 的概率密度函数分别为：

$$f_X(x) = \begin{cases} \alpha e^{-\alpha x}, & x > 0 \\ 0, & x \leqslant 0 \end{cases}, \quad F_Y(y) = \begin{cases} 1 - e^{-\beta y}, & y > 0 \\ 0, & y \leqslant 0 \end{cases} (\alpha > 0, \beta > 0, \text{且 } \alpha \neq \beta)$$

试就上述三种连接方式求出系统 R 寿命 Z 的概率密度函数.

解：（1）串联 $Z = \min(X, Y)$. 因为：

$$F_X(x) = \begin{cases} 1 - e^{-\alpha x}, & x > 0 \\ 0, & x \leqslant 0 \end{cases}, \quad F_Y(y) = \begin{cases} 1 - e^{-\beta y}, & y > 0 \\ 0, & y \leqslant 0 \end{cases}$$

所以 $f_Z(z) = f_X(z)(1 - F_Y(z)) + f_Y(z)(1 - F_X(z))$

$$= \begin{cases} \alpha e^{-\alpha z} e^{-\beta z} + \beta e^{-\beta z} e^{-\alpha z}, & z > 0 \\ 0, & z \leqslant 0 \end{cases}$$

$$= \begin{cases} (\alpha + \beta) e^{-(\alpha+\beta)z}, & z > 0 \\ 0, & z \leqslant 0 \end{cases}$$

故 $Z = \min(X, Y)$ 服从参数为 $\alpha + \beta$ 的指数分布.

（2）并联 $Z = \max(X, Y)$.

$$f_Z(z) = f_X(z) F_Y(z) + f_Y(z) F_X(z)$$

$$= \begin{cases} \alpha e^{-\alpha z}(1 - e^{-\beta z}) + \beta e^{-\beta z}(1 - e^{-\alpha z}), & z > 0 \\ 0, & z \leqslant 0 \end{cases}$$

（3）备用 $Z = X + Y$. 因为：

$$f_Z(z) = \int_{-\infty}^{+\infty} f_X(x) f_Y(z-x) \, dx$$

$$f_X(x) f_Y(z-x) = \begin{cases} \alpha e^{-\alpha x} \beta e^{-\beta(z-x)}, & x > 0, z - x > 0 \\ 0, & \text{其他} \end{cases}$$

$$= \begin{cases} \alpha \beta e^{-\beta z} e^{-(\alpha-\beta)x}, & 0 < x < z \\ 0, & \text{其他} \end{cases}$$

所以：
$$f_Z(z) = \begin{cases} \int_{-\infty}^{z} \alpha \beta e^{-\beta z} e^{-(\alpha-\beta)x} \, dx, & z > 0 \\ 0, & z \leqslant 0 \end{cases}$$

$$= \begin{cases} \dfrac{\alpha\beta}{\alpha - \beta} e^{-\beta z}(1 - e^{-(\alpha-\beta)z}), & z > 0 \\ 0, & z \leqslant 0 \end{cases}$$

$$= \begin{cases} \dfrac{\alpha\beta}{\alpha - \beta}(e^{-\beta z} - e^{-\alpha z}), & z > 0 \\ 0, & z \leqslant 0 \end{cases}$$

【例 3 - 5 - 5】设 X, Y 是两个相互独立的随机变量，它们都服从 $N(0,1)$ 分布，求 $Z = X + Y$ 的概率密度函数.

解：
$$f_z(z) = \int_{-\infty}^{+\infty} f_X(x) f_Y(z-x) \, dx$$

$$= \frac{1}{2\pi} \int_{-\infty}^{+\infty} e^{-\frac{x^2}{2}} e^{-\frac{(z-x)^2}{2}} \, dx = \frac{1}{2\pi} e^{-\frac{z^2}{4}} \int_{-\infty}^{+\infty} e^{-\left(x-\frac{z}{2}\right)^2} \, dx$$

令 $t = x - \dfrac{z}{2}$，得：

$$f_z(z) = \frac{1}{2\pi} e^{-\frac{z^2}{4}} \int_{-\infty}^{+\infty} e^{-t^2} \mathrm{d}t$$

$$= \frac{1}{2\pi} e^{-\frac{z^2}{4}} \sqrt{\pi} = \frac{1}{2\sqrt{\pi}} e^{-\frac{z^2}{4}}$$

即 $Z = X + Y$ 服从 $N(0,2)$ 分布.

一般地，设 X，Y 相互独立且 $X \sim N(\mu_1, \sigma_1^2)$，$Y \sim N(\mu_2, \sigma_2^2)$，则 $Z = X + Y$ 仍然服从正态分布，且有 $Z \sim N(\mu_1 + \mu_2, \sigma_1^2 + \sigma_2^2)$. 这个结论还能推广到 n 个独立正态随机变量之和的情况. 即：若 $X_i \sim N(\mu_i, \sigma_i^2)$，$i = 1, 2, \ldots, n$，且它们相互独立，则它们的和 $Z = X_1 + X_2 + \ldots X_n$ 仍服从正态分布，且有 $Z \sim N(\mu_1 + \mu_2 \ldots \mu_n, \sigma_1^2 + \sigma_2^2 + \ldots \sigma_n^2)$.

更一般地，可以证明有限个相互独立的正态随机变量的线性组合仍然服从正态分布.

本章学习目标自检

1. 理解 (X, Y) 的联合分布函数、边缘分布函数、条件分布函数的概念及性质.

2. 掌握联合分布函数、边缘分布函数、条件分布函数之间的关系.

3. 熟练掌握随机变量独立性的概念和判断条件.

4. 掌握随机变量函数分布的求解方法，特别是 $Z = \max(X, Y)$，$Z = \min(X, Y)$ 和 $Z = X + Y$ 的分布.

习题三

一、填空题

1. 随机点 (X, Y) 落在矩形域 $[x_1 < X \leqslant x_2, y_1 < Y \leqslant y_2]$ 的概率为 ＿＿＿＿ ＿＿＿＿＿＿＿＿.

2. (X, Y) 的分布函数为 $F(x, y)$，则 $F(-\infty, y) + F(+\infty, +\infty) = $ ＿＿＿ ＿＿＿＿＿＿＿.

3. (X,Y) 的分布函数为 $F(x,y)$，则 $F(x+0,y) - F(x,y+0) = $ _____ _____.

4. (X,Y) 的分布函数为 $F(x,y)$，则 $F(+\infty,y) = $ _____.

5. 设随机变量 (X,Y) 的概率密度为：

$$f(x,y) = \begin{cases} cx^2y, & x^2 \leq y \leq 1 \\ 0, & \text{其他} \end{cases}$$

则 $c = $ _____.

6. 设 $f(x,y)$ 是 X，Y 的联合概率密度，$f_Y(y)$ 是 Y 的边缘分布密度，则 $\int_{-\infty}^{+\infty} f_Y(y)\,dy = $ _____.

7. 二维正态随机变量 (X,Y)，X 和 Y 相互独立的充要条件是参数 $\rho = $ _____.

8. 设 X，Y 相互独立，$X \sim N(0,1)$，$Y \sim N(0.1)$，则 (X,Y) 的联合概率密度 $f(x,y) = $ _____，$Z = X+Y$ 的概率密度 $f_Z(Z) = $ _____.

9. 设随机变量 X 与 Y 相互独立，表 $3-16$ 给出了二维随机变量 (X,Y) 的分布律及边缘分布律中的部分数值. 试将其余数值填入表中空白处.

表 3－16

X \ Y	y_1	y_2	y_3	$P\{X=x_i\}=p_{i.}$
x_1		$\frac{1}{8}$		
x_2	$\frac{1}{8}$			
$P\{Y=y_j\}=p_{.j}$	$\frac{1}{6}$			1

10. 设 (X,Y) 的联合分布函数为：

$$F(x,y) = \begin{cases} A + \dfrac{1}{(1+x+y)^2} - \dfrac{1}{(1+x)^2} - \dfrac{1}{(1+y)^2}, & x\geq 0, y\geq 0 \\ 0, & \text{其他} \end{cases}$$

则 $A = $ _____.

二、证明和计算题

1. 一个袋子中有 3 个球，分别标有数字 1，2，2，今从袋中任取一球后不放回，再从袋中任取一球，以 X，Y 分别表示第一次、第二次取出的球上的标号，求 (X,Y) 的分布律.

2. 盒子里装有 3 个黑球、2 个红球、2 个白球，从中任取 4 个球. 以 X 表示取到黑球的个数，以 Y 表示取到红球的个数. 求 X 和 Y 的联合分布律.

3. 三封信随机地投入编号为 1，2，3 的三个信箱中，设 X 为投入 1 号信箱的信件数，Y 为投入 2 号信箱的信数，求 (X,Y) 的联合分布律.

4. 设随机变量 (X,Y) 在矩形区域 $D = \{(x,y) \mid a < x < b, c < y < d\}$ 内服从均匀分布. 求联合概率密度及边缘概率密度，并判断随机变量 X，Y 是否独立.

5. 设随机变量 (X,Y) 的概率密度为：

$$f(x,y) = \begin{cases} k(6-x-y), & 0 < x < 2, 2 < y < 4 \\ 0, & \text{其他} \end{cases}$$

完成以下任务：确定常数 k 并求 $P\{X<1, Y<3\}$；计算 $P\{X<1.5\}$ 和 $P\{X+Y \leqslant 4\}$.

6. 设随机变量 (X,Y) 的密度函数为：

$$f(x,y) = \begin{cases} k\mathrm{e}^{-(3x+4y)}, & x > 0, y > 0 \\ 0, & \text{其他} \end{cases}$$

完成以下任务：确定常数 k；求 (X,Y) 的分布函数；求 $P\{0<X\leqslant1, 0<Y\leqslant2\}$.

7. 设 X 与 Y 相互独立，且 $f_X(x) = \begin{cases} 1, & 0 < x < 1 \\ 0, & \text{其他} \end{cases}$，$f_Y(y) = \begin{cases} \mathrm{e}^{-y}, & y > 0 \\ 0 & \text{其他} \end{cases}$.

要求计算：联合密度函数 $f(x,y)$；$P\{X+Y \leqslant 1\}$.

8. 一电子器件包含两部分，分别以 X，Y 记这两部分的寿命（以小时记），设 (X,Y) 的分布函数为：

$$F(x,y) = \begin{cases} 1 - \mathrm{e}^{-0.01x} - \mathrm{e}^{-0.01y} - \mathrm{e}^{-0.01(x+y)}, & x \geqslant 0, y \geqslant 0 \\ 0, & \text{其他} \end{cases}$$

要求：判断 X 和 Y 是否相互独立；计算 $P\{X>120, Y>120\}$.

9. 设 (X,Y) 相互独立且分别具有表 3-17 和表 3-18 所示的分布律. 试写出 (X,Y) 的联合分布律.

表 3 - 17

X	-2	-1	0	$\dfrac{1}{2}$
P_k	$\dfrac{1}{4}$	$\dfrac{1}{3}$	$\dfrac{1}{12}$	$\dfrac{1}{3}$

表 3 - 18

Y	$-\dfrac{1}{2}$	1	3
P_k	$\dfrac{1}{2}$	$\dfrac{1}{4}$	$\dfrac{1}{4}$

10. 设 X，Y 相互独立，且各自的分布律如表 3 - 19 和表 3 - 20 所示. 要求计算：$Z = X + Y$ 的分布律；$Z_1 = \min(X, Y)$ 的分布律；$Z_2 = \max(X, Y)$ 的分布律.

表 3 - 19

X	1	2
P_k	$\dfrac{1}{2}$	$\dfrac{1}{2}$

表 3 - 20

Y	1	2
P_k	$\dfrac{1}{2}$	$\dfrac{1}{2}$

11. X，Y 相互独立，其分布密度函数各自为：

$$f_X(x) = \begin{cases} \dfrac{1}{2}\mathrm{e}^{-\frac{x}{2}}, & x \geqslant 0 \\ 0, & x < 0 \end{cases} \qquad f_Y(y) = \begin{cases} \dfrac{1}{3}\mathrm{e}^{-\frac{y}{3}}, & y \geqslant 0 \\ 0, & y < 0 \end{cases}$$

求 $Z = X + Y$ 的密度函数.

12. 某旅客到达火车站的时间 X 均匀分布在早上 7：55～8：00，而火车这段时间开出的时间 Y 的密度函数为 $f_Y(y) = \begin{cases} \dfrac{2(5-y)}{25}, & 0 \leqslant y \leqslant 5 \\ 0, & 其他 \end{cases}$，求此人能及时上火车的概率.

第四章　随机变量的数字特征

╔═══════════════════════╗
　　要解决的实际问题
╚═══════════════════════╝

一、新冠病毒混检蕴含的数学原理

面对突如其来的新冠肺炎疫情，样本单人检测既耗时又昂贵，混检的方式大大提高了效率。把所有人分成不同群组，将每一组所有人的采样都混合成一份样本．如果这份样本化验出来是阴性，那么整组的人就都是健康的；如果化验出来是阳性，那么这组人就分开逐个再做检查．这样可以极大减轻大规模人群核酸检测中需要做核酸提取的样本量，进一步节省检测时间和核酸提取试剂的使用量，从而提升核酸检测的效率及能力，提高检验效率，减少检验次数．这样做的理论依据是什么呢？

二、分赌本问题

17 世纪中叶，法国有位热衷于掷骰子游戏的贵族德·梅儿，他通过长期的游戏发现，将一枚骰子连掷 4 次至少出现一个六点的可能性，要比同时将两枚骰子掷 24 次至少出现一次双六的可能性要大，该问题被称为德·梅儿问题，该结论的正确性请自行验证．德·梅儿还向数学家帕斯卡请教了一个著名的"分赌本问题"：两个人决定抛掷骰子若干局，谁先赢得 6 局便是赢家. 若一个人赢了3局，另一个人赢了4局时，因故不得不终止游戏，则应该如何分配事先约定的赌本?

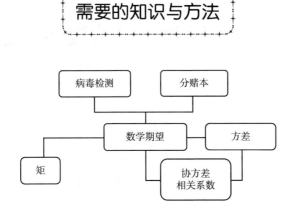

第一节　数学期望

在前面的章节中，我们讨论了随机变量及其分布，分布函数能够完整地描述随机变量的统计特性，但在某些实际或理论问题中，只需知道随机变量的某些特征. 例如，评定某企业的经营能力时，只需知道该企业人均盈利水平；研究水稻品种优劣时，我们关心的是稻穗的平均粒数及每粒的平均重量；检验棉花的质量时，既要注意纤维的平均长度，又要注意纤维长度与平均长度的偏离程度，平均长度越长、偏离程度越小，质量就越好；考察一射手的水平，既要考虑他的平均环数是否高，还要看他弹着点的范围是否小，即数据的波动是否小. 上面的例子说明，与随机变量有关的某些数值，虽不能完整地描述随机变量，但能清晰地描述随机变量在某些方面的重要特征，这些数字特征在理论和实践上都具有重要意义. 最常用的数字特征有：数学期望、方差、相关系数和矩.

一、随机变量的数学期望

我们对某车间的工人生产情况进行考察. 车间小李每天生产的废品数

X 是一个随机变量, 并且他每天至多出现 3 件废品, 那么如何来定义 X 的平均值呢? 我们先观察小李 100 天的生产情况, 具体情况如表 4 - 1 所示, 其中 n_k 表示"统计期内废品数 $X = k$ 时出现的天数", $k = 0,1,2,3$. 则 100 天中每天的平均废品数为:

$$0 \times \frac{32}{100} + 1 \times \frac{30}{100} + 2 \times \frac{17}{100} + 3 \times \frac{21}{100} = 1.27$$

表 4 - 1

X	0	1	2	3
n_k	32	30	17	21

此平均废品数是以频率为权的加权平均, 显然这个平均值会随着统计天数的不同而发生变化. 为了得到随机变量固有的性质, 用概率代替频率, 得到以概率为权的加权平均值 $0 \times p_0 + 1 \times p_1 + 2 \times p_2 + 3 \times p_3$. 由频率的稳定性可知, 当 n 很大时, 频率近似等于概率, 即以概率为权的加权平均值可以刻画随机变量的平均取值, 此值称为随机变量的数学期望.

1. 离散型随机变量的数学期望

定义 4 - 1 设离散型随机变量 X 的分布律为:

$$P\{X = x_k\} = p_k, k = 1,2,\ldots$$

若级数 $\sum\limits_{k=1}^{\infty} x_k p_k$ 绝对收敛, 则称级数 $\sum\limits_{k=1}^{\infty} x_k p_k$ 的和为离散型随机变量 X 的数学期望, 记为 $E(X)$. 即:

$$E(X) = \sum_{k=1}^{\infty} x_k p_k$$

随机变量数学期望实际上就是随机变量取值的加权平均值, 若随机变量 X 取值 x_k 的概率 p_k 较大, 则这个 x_k 就对平均数的贡献较大, 概率 p_k 具有权衡 x_k 地位轻重的作用, 称为权重系数.

【例 4 - 1 - 1】 某医院当新生儿诞生时, 医生要根据婴儿的皮肤颜色、肌肉弹性、反应的敏感性、心脏的搏动等方面的情况对新生儿进行评分, 新生儿的得分 X 是一个随机变量. 以往的资料表明 X 的分布律如表 4 - 2 所示. 试求 X 的数学期望 $E(X)$.

表 4 - 2

X	0	1	2	3	4	5	6	7	8	9	10
P	0.002	0.001	0.002	0.005	0.02	0.04	0.18	0.37	0.25	0.12	0.01

解：$E(X) = 0 \times 0.002 + 1 \times 0.001 + 2 \times 0.002 + 3 \times 0.005 + 4 \times 0.02$

$\qquad + 5 \times 0.04 + 6 \times 0.18 + 7 \times 0.37 + 8 \times 0.25 + 9 \times 0.12$

$\qquad + 10 \times 0.01$

$\qquad = 7.15$

这意味着，若考察医院出生的很多新生儿，例如 1000 个，那么一个新生儿的平均得分约 7.15 分.

【例 4 - 1 - 2】分赌本问题中，甲乙两人事先约定每人投入赌本 a 元，赢家可获得全部赌本. 设甲赢得 3 局，乙赢得 4 局时，游戏因故终止，此时赌本该如何分配？（假设甲、乙两人赢得一局的概率相等）

解：用 X、Y 分别表示甲、乙获得的赌本. 则 X，Y 的分布律分别如表 4 - 3 和表 4 - 4 所示：

表 4 - 3

X	0	2a
P	$\dfrac{11}{16}$	$\dfrac{5}{16}$

表 4 - 4

Y	0	2a
P	$\dfrac{5}{16}$	$\dfrac{11}{16}$

由函数的期望知，

$$E(X) = \frac{5}{8}a, \quad E(Y) = \frac{11}{8}a$$

从甲、乙获得赌本的期望可知，甲可获得全部赌本的 $\dfrac{5}{16}$，乙可获得全部赌本的 $\dfrac{11}{16}$.

【例 4 - 1 - 3】新冠病毒混检问题：设混检每组人的数量为 n，每个人染病的概率为 p，随机变量 X 为经第一次检测后还需进行再次检验的次数，问混检的平均次数为多少?

解: 由题意知, X 的取值只能为 0 或者 n.

$\{X=0\}$ 意味着这一群人都没有患病, 其概率为 $p_1 = (1-p)^n$; $\{X=n\}$ 意味着这一群人中有人患病, 其概率为 $p_2 = 1-(1-p)^n$. 所以 X 的分布律如表 4-5 所示:

表 4-5

X	0	n
p_k	$(1-p)^n$	$1-(1-p)^n$

从而 $E(X) = n(1-(1-p)^n)$.

所以这种混合方法预计需要进行的测试次数为 $1+n(1-(1-p)^n)$.

若 $n=20$, $p=0.01$, 则预期化验次数为:

$$1+20\times(1-(1-0.01)^{20})\approx 4.6$$

这个数显然比 20 次单独试验要小得多.

另外, 如果采集样本为阳性的概率为 0.001, 则混合样本呈阳性的概率为 $1-0.999^{20}\approx 0.02$, 这就是说每组有 20 人时大约有 2% 的可能性需要对每个成员进行单独化验. 由此可见, 只要检测方法对样本是敏感的, 混合检测就可以有效地减少检测时间, 提高检测效率, 节约社会资源.

2. 连续型随机变量的数学期望

定义 4-2　设连续型随机变量 X 的概率密度为 $f(x)$, 若积分 $\int_{-\infty}^{+\infty} xf(x)\mathrm{d}x$ 绝对收敛, 则称积分 $\int_{-\infty}^{+\infty} xf(x)\mathrm{d}x$ 的值为连续型随机变量 X 的数学期望, 记为 $E(X)$. 即:

$$E(X) = \int_{-\infty}^{+\infty} xf(x)\mathrm{d}x$$

数学期望简称期望, 又称为均值.

数学期望 $E(X)$ 完全由随机变量 X 的概率分布所确定. 若 X 服从某分布, 也称 $E(X)$ 是该分布的数学期望.

【例 4-1-4】 设 $X \sim U(a,b)$, 求 $E(X)$.

解: $E(X) = \int_{-\infty}^{+\infty} xf(x)\mathrm{d}x = \int_a^b \dfrac{x}{b-a}\mathrm{d}x = \dfrac{a+b}{2}$

均匀分布的数学期望位于区间的中点.

练习 1：设 $X \sim E(\theta)$，求 $E(X)$.

【例 4-1-5】 设 $X \sim N(\mu, \sigma^2)$，求 $E(X)$.

解：X 的概率密度函数为 $f(x) = \dfrac{1}{\sqrt{2\pi}\,\sigma} \mathrm{e}^{-\frac{(x-\mu)^2}{2\sigma^2}}$，由定义 4-2 可得：

$$E(X) = \int_{-\infty}^{+\infty} x \frac{1}{\sqrt{2\pi}\,\sigma} \mathrm{e}^{-\frac{(x-\mu)^2}{2\sigma^2}} \mathrm{d}x$$

$$\xlongequal{\diamondsuit u = \frac{x-\mu}{\sigma}} \frac{1}{\sqrt{2\pi}\,\sigma} \int_{-\infty}^{+\infty} (\sigma u + \mu) \mathrm{e}^{-\frac{u^2}{2}} (\sigma \mathrm{d}u)$$

$$= \frac{\sigma}{\sqrt{2\pi}} \int_{-\infty}^{+\infty} u \mathrm{e}^{-\frac{u^2}{2}} \mathrm{d}u + \frac{\mu}{\sqrt{2\pi}} \int_{-\infty}^{+\infty} \mathrm{e}^{-\frac{u^2}{2}} \mathrm{d}u \quad \left(\int_{0}^{+\infty} \mathrm{e}^{-t^2} \mathrm{d}t = \frac{\sqrt{\pi}}{2} \right)$$

$$= \frac{\sigma}{\sqrt{2\pi}} \times 0 + \mu \times 1 = \mu$$

注意：不是所有的随机变量都有数学期望.

例如，Cauchy 分布的密度函数为：

$$f(x) = \frac{1}{\pi(1+x^2)}, \ -\infty < x < +\infty$$

容易验证 $\int_{-\infty}^{+\infty} |x| f(x) \mathrm{d}x = \int_{-\infty}^{+\infty} \dfrac{|x|}{\pi(1+x^2)} \mathrm{d}x$ 发散.

二、随机变量函数的数学期望

定理 4-1 设 Y 是随机变量 X 的函数：$Y = g(X)$（g 是连续函数）.

（1）若 X 是离散型随机变量，其分布律为 $P\{X = x_k\} = p_k, k = 1, 2, \ldots$. 若 $\sum_{k=1}^{\infty} g(x_k)p_k$ 绝对收敛，则有：

$$E(Y) = E(g(X)) = \sum_{k=1}^{\infty} g(x_k)p_x$$

（2）若 X 是连续型随机变量，其概率密度为 $f(x)$，若 $\int_{-\infty}^{+\infty} g(x)f(x)\mathrm{d}x$ 绝对收敛，则有：

$$E(Y) = E(g(X)) = \int_{-\infty}^{+\infty} g(x)f(x)\,\mathrm{d}x$$

【例 4 - 1 - 6】设随机变量 X 的分布律如表 4 - 6 所示. 若 $Y = g(X) = X^2$，求 $E(Y)$.

表 4 - 6

X	-1	0	1	2
P	p_1	p_2	p_3	p_4

解：方法一，先求 $Y = X^2$ 的分布律（见表 4 - 7）.

表 4 - 7

X^2	0	1	4
P	p_2	$p_1 + p_3$	p_4

则有：

$$\begin{aligned}
E(Y) &= E(g(X)) \\
&= E(X^2) \\
&= 0 \times p_2 + 1 \times (p_1 + p_2) + 4 \times p_4 \\
&= p_1 + p_2 + 4p_4
\end{aligned}$$

方法二：

$$\begin{aligned}
E(Y) &= E(g(X)) \\
&= E(X^2) \\
&= 0 \times p_2 + (-1)^2 \times p_1 + 1^2 \times p_2 + 2^2 \times p_4 \\
&= p_1 + p_2 + 4p_4
\end{aligned}$$

定理 4 - 1 还可以推广到两个或两个以上随机变量函数的情况.

设 Z 是随机变量 X，Y 的函数 $Z = g(x, y)$（g 是连续函数），则 Z 是一维随机变量，从而：

（1）若 (X, Y) 是二维离散型随机变量，其分布律为 $P\{X = x_i, Y = y_i\} = p_{ij}$，$i, j = 1, 2, \dots$. 则：

$$E(Z) = E(g(X, Y)) = \sum_{j=1}^{\infty} \sum_{i=1}^{\infty} g(x_i, y_i)p_{ij} \qquad (4 - 1)$$

（2）若(X,Y)是二维连续型随机变量，其联合概率密度为$f(x,y)$，则：

$$E(z) = E(g(X,Y)) = \int_{-\infty}^{+\infty}\int_{-\infty}^{+\infty}g(x,y)f(x,y)\mathrm{d}x\mathrm{d}y \quad (4-2)$$

这里假定式（4-1）和式（4-2）右边的级数或积分都绝对收敛.

定理的重要意义在于当我们求$E(Y)$时，不必算出Y的分布律或概率密度，而只需利用X的分布律或概率密度就可以了，定理的证明所需知识超出本书的范围，这里我们不加证明.

由二维随机变量函数的数学期望可以得到二维随机变量的数学期望.

设二维离散型随机变量(X,Y)的联合分布律为：

$$P\{X=x_i,Y=y_j\}=p_{ij},i,j=1,2,\ldots$$

则：

$$E(X) = \sum_{i=1}^{\infty}x_ip_{i\cdot} = \sum_{i=1}^{\infty}\sum_{j=1}^{\infty}x_ip_{ij}$$

$$E(Y) = \sum_{i=1}^{\infty}y_jp_{\cdot j} = \sum_{i=1}^{\infty}\sum_{j=1}^{\infty}x_ip_{ij}$$

设二维连续型随机变量(X,Y)的联合概率密度为$f(x,y)$，则：

$$E(X) = \int_{-\infty}^{+\infty}xf_X(x)\mathrm{d}x = \int_{-\infty}^{+\infty}\int_{-\infty}^{+\infty}xf(x,y)\mathrm{d}x\mathrm{d}y$$

$$E(Y) = \int_{-\infty}^{+\infty}yf_Y(y)\mathrm{d}y = \int_{-\infty}^{+\infty}\int_{-\infty}^{+\infty}yf(x,y)\mathrm{d}x\mathrm{d}y$$

练习2：设(X,Y)的联合密度为：

$$f(x,y)=\begin{cases}x+y, & 0\leqslant x\leqslant1,0\leqslant y\leqslant1\\0, & \text{其他}\end{cases}$$

求$E(X)$.

【例4-1-7】市场上对某种产品每年的需求量为X吨，$X\sim U(2000,4000)$.每出售1吨可赚3万元；售不出去，则每吨需仓库保管费1万元.问应该生产这种商品多少吨，才能使平均利润最大？

解：$f_X(x)=\begin{cases}\dfrac{1}{2000}, & 2000<x<4000\\0, & \text{其他}\end{cases}$

设每年生产 y 吨的利润为 Y，则 $2000 < y < 4000$ 且：

$$Y = g(X) = \begin{cases} 3y, & y \leq X \\ 3X - (y-X) \times 1, & y > X \end{cases}, \quad g(x) = \begin{cases} 3y, & y \leq x \\ 4x - y, & y > x \end{cases}$$

$$E(Y) = \int_{-\infty}^{+\infty} g(x) f_X(x) \, \mathrm{d}x$$

$$= \int_{2000}^{y} (4x - y) \frac{1}{2000} \mathrm{d}x + \int_{y}^{4000} 3y \frac{1}{2000} \mathrm{d}x$$

$$= \frac{1}{2000}(-2y^2 + 14000y - 8 \times 10^6)$$

从而：

$$\frac{\mathrm{d}E(Y)}{\mathrm{d}y} = \frac{1}{2000}(-4y + 14000), \frac{\mathrm{d}^2 E(Y)}{\mathrm{d}y^2} = -\frac{4}{2000} < 0$$

令 $\dfrac{\mathrm{d}E(Y)}{\mathrm{d}y} = 0$，得 $y = 3500$. 所以当 $y = 3500$ 时，$E(Y) = 8250$ 最大，即此时平均利润最大.

三、数学期望的性质

数学期望具有以下性质：

（1）设 C 是常数，则有 $E(C) = C$.

（2）设 X 是一个随机变量，C 是常数，则有：

$$E(CX) = CE(X), E(X + C) = C + E(X)$$

（3）X, Y 是两个随机变量，则有：

$$E(X + Y) = E(X) + E(Y)$$

这一性质可以推广到任意有限个随机变量之和的情况.

（4）X, Y 是相互独立的随机变量，则有：

$$E(XY) = E(X)E(Y)$$

证：（1）设随机变量 X，只能取值 C，则 $X = C$ 的概率为 1，从而：

$$E(C) = C \times 1 = C$$

以下就 X 为连续型随机变量的情形给出（2）、（3）、（4）的证明，对于离散型随机变量的情形类似可证.

（2）$E(CX) = \int_{-\infty}^{+\infty} Cxf(x)\,\mathrm{d}x$

$$= C\int_{-\infty}^{+\infty} xf(x)\,\mathrm{d}x = CE(X)$$

$E(X+C) = \int_{-\infty}^{+\infty} (C+x)f(x)\,\mathrm{d}x$

$$= \int_{-\infty}^{+\infty} xf(x)\,\mathrm{d}x + C\int_{-\infty}^{+\infty} f(x)\,\mathrm{d}x$$

$$= E(X) + C$$

（3）设二维随机变量 (X,Y) 的概率密度为 $f(x,y)$. 其边缘概率密度为 $f_X(x)$，$f_Y(y)$. 由函数的数学期望可得：

$$E(X+Y) = \int_{-\infty}^{+\infty}\int_{-\infty}^{+\infty} (x+y)f(x,y)\,\mathrm{d}x\mathrm{d}y$$

$$= \int_{-\infty}^{+\infty}\int_{-\infty}^{+\infty} xf(x,y)\,\mathrm{d}x\mathrm{d}y + \int_{-\infty}^{+\infty}\int_{-\infty}^{+\infty} yf(x,y)\,\mathrm{d}x\mathrm{d}y$$

$$= E(X) + E(Y)$$

（4）若 X 和 Y 相互独立，则 $f(x,y) = f_X(x)f_Y(y)$ 且：

$$E(XY) = \int_{-\infty}^{+\infty}\int_{-\infty}^{+\infty} xyf(x,y)\,\mathrm{d}x\mathrm{d}y$$

$$= \int_{-\infty}^{+\infty}\int_{-\infty}^{+\infty} xyf_X(x)f_Y(y)\,\mathrm{d}x\mathrm{d}y$$

$$= \left(\int_{-\infty}^{+\infty} xf_X(x)\,\mathrm{d}x\right)\left(\int_{-\infty}^{+\infty} yf_Y(y)\,\mathrm{d}y\right) = E(X)E(Y)$$

注意：性质（4）可以推广到任意有限个相互独立的随机变量之积的情况，其逆命题不一定成立.

【例 4-1-8】设二维连续型随机变量 (X,Y) 的概率密度函数为：

$$f(x,y) = \begin{cases} \dfrac{1}{4}x(1+3y^2), & 0<x<2, 0<y<1 \\ 0, & \text{其他} \end{cases}$$

求：$E(X)$；$E(Y)$；$E(X+Y)$；$E(XY)$；$E\left(\dfrac{Y}{X}\right)$.

解：$E(X) = \int_{-\infty}^{+\infty} \int_{-\infty}^{+\infty} xf(x,y)\mathrm{d}x\mathrm{d}y$

$\qquad\qquad = \int_0^2 x \times \frac{1}{4}x\mathrm{d}x \int_0^1 (1 + 3y^2)\mathrm{d}y = \frac{4}{3}$

$E(Y) = \int_{-\infty}^{+\infty} \int_{-\infty}^{+\infty} yf(x,y)\mathrm{d}x\mathrm{d}y$

$\qquad\quad = \int_0^2 \frac{1}{4}x\mathrm{d}x \int_0^1 y(1 + 3y^2)\mathrm{d}y = \frac{5}{8}$

$E(X + Y) = \int_{-\infty}^{+\infty} \int_{-\infty}^{+\infty} (x + y)f(x,y)\mathrm{d}x\mathrm{d}y$

$\qquad\qquad\quad = \int_{-\infty}^{+\infty} \int_{-\infty}^{+\infty} xf(x,y)\mathrm{d}x\mathrm{d}y + \int_{-\infty}^{+\infty} \int_{-\infty}^{+\infty} yf(x,y)\mathrm{d}x\mathrm{d}y$

$\qquad\qquad\quad = E(X) + E(Y) = \frac{4}{3} + \frac{5}{8} = \frac{47}{24}$

$E(XY) = \int_{-\infty}^{+\infty} \int_{-\infty}^{+\infty} (xy)f(x,y)\mathrm{d}x\mathrm{d}y$

$\qquad\qquad = \int_0^2 x \times \frac{1}{2}x\mathrm{d}x \int_0^1 y \times \frac{1}{2}(1 + 3y^2)\mathrm{d}y = \frac{4}{3} \times \frac{5}{8} = \frac{5}{6}$

$E\left(\dfrac{Y}{X}\right) = \int_{-\infty}^{+\infty} \int_{-\infty}^{+\infty} \left(\dfrac{y}{x}\right)f(x,y)\mathrm{d}x\mathrm{d}y$

$\qquad\qquad = \int_0^2 \frac{1}{2}\mathrm{d}x \int_0^1 y \times \frac{1}{2}(1 + 3y^2)\mathrm{d}y = \frac{5}{8}$

第二节 方差

在解决实际问题时，除了要了解随机变量的数学期望（随机变量取值的平均值）外，还需了解随机变量的取值在数学期望附近波动的情况。

例如，甲、乙两人分多局（每局 10 个球）比赛定点投篮，用 X，Y 分别表示甲、乙每局投中的个数．投篮结果如表 4 - 8 和表 4 - 9 所示．

表 4 - 8

X	8	9	10
P	0.1	0.8	0.1

表 4-9

Y	8	9	10
P	0.2	0.6	0.2

则:

$$E(X) = 8 \times 0.1 + 9 \times 0.8 + 10 \times 0.1 = 9$$
$$E(Y) = 8 \times 0.2 + 9 \times 0.6 + 10 \times 0.2 = 9$$

说明甲、乙两人平均投中球的个数相同. 要比较两人的技术水平, 可以考虑其投篮技术的稳定性, 也就是要分析随机变量的取值与其均值的偏离程度. 首先想到用 $E(X - E(X))$ 来衡量随机变量的取值与其均值的偏离程度, 但是:

$$E(X - E(X)) = (8 - 9) \times 0.1 + (9 - 9) \times 0.8 + (10 - 9) \times 0.1 = 0$$

该方法会使得左右偏离的程度相互抵消. 避免抵消的方法可以通过 $|X - E(X)|$ 的均值来实现, 即:

$$E\{|X - E(X)|\} = |8 - 9| \times 0.1 + |9 - 9| \times 0.8 + |10 - 9| \times 0.1 = 0.2$$

考虑到绝对值在运算上的劣势, 选择用 $(X - E(X))^2$ 的均值来度量随机变量与其均值的偏离程度. 即:

$$E\{(X - E(X))^2\} = (8 - 9)^2 \times 0.1 + (9 - 9)^2 \times 0.8 + (10 - 9)^2 \times 0.1 = 0.2$$

$(X - E(X))^2$ 的均值即可避免计算中的麻烦又能反映随机变量取值的波动程度.

一、方差、标准差的定义

定义 4-3 设 X 是一个随机变量, 若 $E\{(X - E(X))^2\}$ 存在, 则称 $E\{(X - E(X))^2\}$ 为随机变量 X 的方差, 记为 $D(X)$ 或 $\text{Var}(X)$, 即:

$$D(X) = \text{Var}(X) = E\{(E - E(X)^2)\}$$

$\sqrt{D(X)}$ 称为标准差或均方差, 记为 $\sigma(X)$.

随机变量 X 的方差是随机变量 X 的取值与其平均值的平均偏离程度.

随机变量 X 的方差小，说明随机变量所取的值密集分布在其数学期望的左右；方差大，说明随机变量所取的值与其数学期望差异较大（较分散）．因此，随机变量 X 的方差是衡量随机变量取值分散程度的一个尺度．

由定义 4 - 3 知，$D(X)$ 是随机变量 X 的函数 $g(x) = (X - E(X))^2$ 的数学期望．

（1）若 X 为离散型随机变量，概率分布为：

$$P(X = x_k) = p_k, k = 1, 2, \ldots$$

则 $D(X) = \sum_{k=1}^{\infty} (x_k - EX)^2 p_k.$

（2）若 X 为连续型随机变量，概率密度函数为 $f(x)$，则

$$D(X) = \int_{-\infty}^{+\infty} (x - EX)^2 f(x) \, dx$$

由数学期望的性质，随机变量 X 的方差常用式（4 - 3）计算：

$$D(X) = E(X^2) - (E(X))^2 \qquad (4 - 3)$$

证：
$$
\begin{aligned}
D(X) &= E\{(X - E(X))^2\} \\
&= E\{X^2 - 2XE(X) + (E(X))^2\} \\
&= E(X^2) - 2E(X)E(X) + (E(X))^2 \\
&= E(X^2) - (E(X))^2
\end{aligned}
$$

【例 4 - 2 - 1】设随机变量 X 具有概率密度：

$$f(x) = \begin{cases} 1 + x, & -1 \leq x < 0 \\ 1 - x, & 0 \leq x < 1 \\ 0, & 其他 \end{cases}$$

求 $D(X)$．

解：$E(X) = \int_{-1}^{0} x(1 + x) \, dx + \int_{0}^{1} x(1 - x) \, dx = 0$

$E(X^2) = \int_{-1}^{0} x^2(1 + x) \, dx + \int_{0}^{1} x^2(1 - x) \, dx = \frac{1}{6}$

所以：

$$D(X) = E(X^2) - (E(X))^2 = \frac{1}{6} - 0^2 = \frac{1}{6}$$

二、常用概率分布的方差

1. 两点分布

已知随机变量 X 的分布律如表 4 - 10 所示：

表 4 - 10

X	0	1
P	p	$1-p$

则有：

$$E(X) = 1 \times p + 0 \times q = p$$
$$D(X) = E(X^2) - (E(X))^2 = 1^2 \times p + 0^2 \times (1-p) - p^2 = pq$$

2. 二项分布

设随机变量 X 服从参数为 n，p 的二项分布，其分布律为：

$$P\{X = k\} = \binom{n}{k} p^k (1-p)^{n-k}, k = 0, 1, 2, \ldots, n$$

则：

$$
\begin{aligned}
E(X) &= \sum_{k=0}^{n} k C_n^k p^k (1-p)^{n-k} \\
&= \sum_{k=1}^{n} k \frac{n!}{k!(n-k)!} p^k (1-p)^{n-k} \\
&= np \sum_{k=1}^{n} \frac{(n-1)!}{(k-1)!(n-k)!} p^{k-1} (1-p)^{(n-1)-(k-1)} \\
&= np \sum_{k=0}^{n-1} C_{n-1}^k p^k (1-p)^{(n-1)-k} = np \\
E(X^2) &= E(X(X-1) + X) \\
&= E(X(X-1)) + E(X) \\
&= \sum_{k=0}^{n} k(k-1) C_n^k p^k (1-p)^{n-k} + np \\
&= \sum_{k=0}^{n} \frac{k(k-1)n!}{k!(n-k)!} p^k (1-p)^{n-k} + np
\end{aligned}
$$

$$= n(n-1)p^2 \sum_{k=2}^{n} \frac{(n-2)!}{(n-k)!(k-2)!} p^{k-2}(1-p)^{(n-2)-(k-2)} + np$$

$$= n(n-1)p^2 [p+(1-p)]^{n-2} + np$$

$$= (n^2-n)p^2 + np$$

所以 $D(X) = E(X^2) - (E(X))^2 = (n^2-n)p^2 + np - (np)^2 = np(1-p)$.

3. 泊松分布

设随机变量 $X \sim P(\lambda)$，其分布律为：

$$P\{X=k\} = \frac{\lambda^k}{k!} e^{-\lambda}, k=0,1,2,\ldots,\lambda>0$$

则：

$$E(X) = \sum_{k=0}^{\infty} k \frac{\lambda^k}{k!} e^{-\lambda}$$

$$= \lambda e^{-\lambda} \sum_{k=1}^{\infty} \frac{\lambda^{k-1}}{(k-1)!} = \lambda$$

$$E(X^2) = E(X(X-1)+X) = E(X(X-1)) + E(X)$$

$$= \lambda^2 e^{-\lambda} \sum_{k=2}^{\infty} \frac{\lambda^{k-2}}{(k-2)!} + \lambda$$

$$= \lambda^2 e^{-\lambda} e^{\lambda} + \lambda = \lambda^2 + \lambda$$

所以 $D(X) = E(X^2) - (E(X))^2 = \lambda$.

由此可知，泊松分布的数学期望与方差相等，都等于参数 λ. 因此知道它的数学期望或方差就能完全确定它的分布.

4. 均匀分布

设随机变量 $X \sim U(a,b)$，其概率密度为：

$$f(x) = \begin{cases} \dfrac{1}{b-a}, & a<x<b \\ 0, & 其他 \end{cases}$$

因为 $E(X) = \dfrac{a+b}{2}$，于是

$$D(X) = E(X^2) - (E(X))^2 = \int_a^b x^2 \frac{1}{b-a} dx - \left(\frac{a+b}{2}\right)^2 = \frac{(b-a)^2}{12}$$

5. 指数分布

设随机变量 X 服从参数为 θ 的指数分布，其概率密度函数为：

$$f(x) = \begin{cases} \dfrac{1}{\theta}e^{-x/\theta}, & x > 0 \\ 0, & x \leqslant 0 \end{cases}$$

则：

$$\begin{aligned}
E(X) &= \int_{-\infty}^{+\infty} xf(x)\,\mathrm{d}x \\
&= \int_{0}^{+\infty} x\,\frac{1}{\theta}e^{-x/\theta}\mathrm{d}x \\
&= -xe^{-x/\theta}\Big|_{0}^{\infty} + \int_{0}^{\infty} e^{-x/\theta}\mathrm{d}x = \theta \\
E(X^2) &= \int_{-\infty}^{+\infty} x^2 f(x)\,\mathrm{d}x \\
&= \int_{0}^{+\infty} x^2\,\frac{1}{\theta}e^{-x/\theta}\mathrm{d}x \\
&= -x^2 e^{-x/\theta}\Big|_{0}^{\infty} + \int_{0}^{+\infty} 2xe^{-x/\theta}\mathrm{d}x = 2\theta^2
\end{aligned}$$

于是 $D(X) = E(X^2) - (E(X))^2 = 2\theta^2 - \theta^2 = \theta^2$.

6. 正态分布

X 服从参数为 μ，σ 的正态分布，其概率密度为：

$$f(x) = \frac{1}{\sqrt{2\pi}\,\sigma}e^{-\frac{(x-\mu)^2}{2\sigma^2}}, \sigma > 0, -\infty < x < +\infty$$

因为 $E(X) = \mu$，故

$$D(X) = \int_{-\infty}^{+\infty} (x-\mu)^2 f(x)\,\mathrm{d}x = \int_{-\infty}^{+\infty} (x-\mu)^2 \times \frac{1}{\sqrt{2\pi}\,\sigma}e^{-\frac{(x-\mu)^2}{2\sigma^2}}\mathrm{d}x$$

令 $\dfrac{x-\mu}{\sigma} = t$，得：

$$\begin{aligned}
D(X) &= \frac{\sigma^2}{\sqrt{2\pi}} \int_{-\infty}^{+\infty} t^2 e^{-\frac{t^2}{2}}\mathrm{d}t \\
&= \frac{\sigma^2}{\sqrt{2\pi}}\left(-te^{-\frac{t^2}{2}}\Big|_{-\infty}^{+\infty} + \int_{-\infty}^{+\infty} e^{-\frac{t^2}{2}}\mathrm{d}t \right)
\end{aligned}$$

$$= 0 + \frac{\sigma^2}{\sqrt{2\pi}}\sqrt{2\pi} = \sigma^2$$

这就是说，正态分布概率密度函数中的两个参数 μ 和 σ 分别为该分布的数学期望和均方差，因而正态分布完全由它的数学期望和方差所确定.

三、方差的性质

设以下所遇到的随机变量其方差存在：

（1）设 C 为常数，则 $D(C) = 0$.

证：$D(C) = E(C^2) - (E(C))^2 = C^2 - C^2 = 0$

（2）设 C 为常数，X 为量，则有：

$$D(CX) = C^2 D(X), \quad D(X + C) = D(X)$$

证：$D(CX) = E\{(CX - E(CX))^2\}$

$$= C^2 E\{(X - E(X))^2\} = C^2 D(X)$$

$$D(C + X) = E\{((C + X) - E(C + X))^2\}$$

$$= E\{(X - E(X))^2\} = D(X)$$

（3）设 X 和 Y 是两个随机变量，则有：

$$D(X + Y) = D(X) + D(Y) + 2E\{(X - E(X))(Y - E(Y))\}$$

证：$D(X + Y) = E\{((X + Y) - E(X + Y))^2\}$

$$= E\{(X - E(X)) + (Y - E(Y))\}^2$$

$$= E(X - E(X))^2 + E(Y - E(Y))^2$$

$$+ 2E\{(X - E(X))(Y - E(Y))\}$$

$$= D(X) + D(Y) + 2E\{(X - E(X))(Y - E(Y))\}$$

上式右端第三项：$2E\{(X - E(X))(Y - E(Y))\}$

$$= 2E\{XY - XE(Y) - YE(X) + E(X)E(Y)\}$$

$$= 2\{E(XY) - E(X)E(Y) - E(Y)E(X) + E(X)E(Y)\}$$

$$= 2\{E(XY) - E(X)E(Y)\}$$

特别地，若 X，Y 相互独立，则有：

$$D(X + Y) = D(X) + D(Y)$$

推广 若 X_1，X_2，…，X_n 相互独立，则有：

$$D(X_1 \pm X_2 \pm \dots \pm X_n) = D(X_1) + D(X_2) + \dots + D(X_n)$$

利用性质（3），若 $X_i \sim N(\mu_i, \sigma_i^2), i = 1, 2, \dots, n$ 且它们相互独立，则它们的线性组合 $C_1 X_1 + C_2 X_2 + \dots + C_n X_n$ 仍然服从正态分布．由数学期望和方差的性质知道：

$$C_1 X_1 + C_2 X_2 + \dots + C_n X_n \sim N \left(\sum_{i=1}^{n} C_i \mu_i, \sum_{i=1}^{n} C_i^2 \sigma_i^2 \right)$$

其中 $C_1, C_2, \dots, C_n$ 是不全为零的常数．

（4）$D(X) = 0$ 的充要条件 X 以概率 1 取常数 C，即：

$$P\{X = E(X)\} = 1$$

性质（4）的证明从略．

【例 4 - 2 - 2】若 $X \sim N(1, 3)$，$Y \sim N(2, 4)$ 且 X，Y 相互独立，求 $Z = 2X - 3Y$ 的数学期望与方差．

解：由数学期望的性质得：

$$E(Z) = 2 \times E(X) - 3 \times E(Y) = 2 \times 1 - 3 \times 2 = -4$$

由方差的性质得：

$$D(Z) = D(2X - 3Y) = 4D(X) + 9D(Y) = 48$$

所以有 $Z \sim N(-4, 48)$．

【例 4 - 2 - 3】设活塞的直径（以 cm 计）$X \sim N(22.40, 0.03^2)$，气缸的直径 $Y \sim N(22.50, 0.04^2)$ 且 X，Y 相互独立，任取一只气缸，求活塞能装入气缸的概率．

解：因为 $X \sim N(22.40, 0.03^2)$，$Y \sim N(22.50, 0.04^2)$，所以：

$$X - Y \sim N(-0.10, 0.0025)$$

依题意，需求的概率：

$$P\{X < Y\} = P\{X - Y < 0\}$$

$$= p \left\{ \frac{(X - Y) - (0.10)}{\sqrt{0.0025}} < \frac{0 - (0.10)}{\sqrt{0.0025}} \right\}$$

$$= \Phi\left(\frac{0.10}{0.05}\right) = \Phi(2) = 0.9772$$

下面介绍一个重要的不等式——切比雪夫（Chebyshev）不等式.

定理 4 - 2　设随机变量 X 具有数学期望 $E(X) = \mu$，方差 $D(X) = \sigma^2$，则对于任意正数 ε，不等式 $P\{|X-\mu| \geq \varepsilon\} \leq \dfrac{\sigma^2}{\varepsilon^2}$ 成立.

证：我们只就连续型随机变量的情况来证明.

设 X 的概率密度为 $f(x)$，则有：

$$
\begin{aligned}
p\{|X-\mu| \geq \varepsilon\} &= \int_{|x-\mu| \geq \varepsilon} f(x)\,\mathrm{d}x \\
&\leq \int_{|x-\mu| \geq \varepsilon} \frac{|x-\mu|^2}{\varepsilon^2} f(x)\,\mathrm{d}x \\
&\leq \frac{1}{\varepsilon^2} \int_{-\infty}^{+\infty} (x-\mu)^2 f(x)\,\mathrm{d}x = \frac{\sigma^2}{\varepsilon^2}
\end{aligned}
$$

得：

$$P\{|X-\mu| \geq \varepsilon\} \leq \frac{\sigma^2}{\varepsilon^2}$$

切比雪夫不等式也可以写成如下的形式：

$$P\{|X-\mu| < \varepsilon\} \geq 1 - \frac{\sigma^2}{\varepsilon^2}$$

当随机变量的分布未知时，只需要知道 $E(X)$ 和 $D(X)$ 便可用切比雪夫不等式来估计概率 $P\{|X-E(X)| < \varepsilon\}$. 例如，对切比雪夫不等式中 ε 分别取 $3\sqrt{D(X)}$，$4\sqrt{D(X)}$ 可得：

$$P\{|X-E(X)| < 3\sqrt{D(X)}\} \geq 0.8889$$
$$P\{|X-E(X)| < 4\sqrt{D(X)}\} \geq 0.9375$$

这就是说对于任意的随机变量，落在 $(EX - 3\sqrt{D(X)}, EX + 3\sqrt{D(X)})$ 内的可能性至少为 88.89%，落在 $(EX - 4\sqrt{D(X)}, EX + 4\sqrt{D(X)})$ 内的可能性至少为 93.75%.

【例 4 - 2 - 4】已知正常男性成人血液中，每一毫升白细胞数平均是

7300，均方差是 700. 利用切比雪夫不等式估计每毫升白细胞数在 [5200，9400] 之间的概率.

解：设每毫升白细胞数为 X，依题意知 $E(X)=7300$，$D(X)=700^2$.

所求概率为：$P\{5200 \leqslant X \leqslant 9400\}$

$$= P\{5200-7300 \leqslant X-7300 \leqslant 9400-7300\}$$
$$= P\{-2100 \leqslant X-E(X) \leqslant 2100\}$$
$$= P\{|X-E(X)| \leqslant 2100\}$$

由切比雪夫不等式，可得：

$$P\{|X-E(X)| \leqslant 2100\} \geqslant 1-\frac{D(X)}{2100^2} = 1-\left(\frac{700}{2100}\right)^2 = 1-\frac{1}{9} = \frac{8}{9}$$

即估计每毫升白细胞数在 [5200，9400] 之间的概率不小于 8/9.

第三节　协方差、相关系数与矩

由方差的性质可知：若随机变量 X 和 Y 相互独立，那么：

$$D(X+Y) = D(X) + D(Y)$$

若随机变量 X 和 Y 不相互独立，则：

$$D(X+Y) = D(X) + D(Y) + 2E\{(X-E(X))(Y-E(Y))\}$$

这意味着当 $E\{(X-E(X))(Y-E(Y))\} \neq 0$ 时，X 和 Y 不相互独立，而是存在着一定的关系.

一、协方差与相关系数

定义 4-4　称 $E\{(X-E(X))(Y-E(Y))\}$ 为随机变量 X 和 Y 的协方差，记为 $\mathrm{Cov}(X,Y)$，即 $\mathrm{Cov}(X,Y)=E\{(X-E(X))(Y-E(Y))\}$.

对于任意两个随机变量 X 和 Y，下面给出协方差的性质.

（1）$\mathrm{Cov}(X,Y)=\mathrm{Cov}(Y,X)$，$\mathrm{Cov}(X,X)=D(X)$.

（2）$\mathrm{Cov}(aX,bY)=ab\mathrm{Cov}(X,Y)$，$a$，$b$ 是常数.

（3）$\mathrm{Cov}(X_1+X_2,Y)=\mathrm{Cov}(X_1,Y)+\mathrm{Cov}(X_2,Y)$.

（4）$\mathrm{Cov}(X,Y)=E(XY)-E(X)E(Y)$.

证明从略. 我们常常利用性质（4）计算协方差.

【例 4-3-1】已知 X、Y 的联合分布律如表 4-11 所示. 求 $\mathrm{Cov}(X,Y)$.

表 4-11

Y ＼ X	0	1
0	$1-p$	0
1	0	p

解：$E(X)=p$，$E(Y)=p$，$E(XY)=p$

$\mathrm{Cov}(X,Y)=E(XY)-E(X)E(Y)=p(1-p)$

协方差的大小在一定程度上反映了 X 和 Y 之间的关系，但它还受 X 与 Y 量纲的影响. 为了克服这一缺点，对协方差进行标准化，引入相关系数.

二、相关系数

定义 4-5　设 $\sqrt{D(X)}>0$，$\sqrt{D(Y)}>0$，称

$$\rho_{XY}=\frac{\mathrm{Cov}(X,Y)}{\sqrt{D(X)}\sqrt{D(Y)}}$$

为随机变量 X 和 Y 的相关系数.

为了讨论相关系数的性质，先考虑以 X 的线性函数 $a+bX$ 来近似表示 Y，以均方误差 $e=E\{(Y-(a+bX))^2\}$ 来衡量以 $a+bX$ 近似表示 Y 的好坏程度. e 值越小表示 $a+bX$ 与 Y 的近似程度越好.

$$\begin{aligned}e&=E\{[Y-(a+bX)]^2\}\\&=E(Y^2)+b^2E(X^2)+a^2-2bE(XY)+2abE(X)-2aE(Y)\end{aligned}$$

下面来求使 e 达到最小时的 a，b.

由 $\begin{cases}\dfrac{\partial e}{\partial a}=2a+2bE(X)-2E(Y)=0\\\dfrac{\partial e}{\partial b}=2bE(X^2)-2E(XY)+2aE(X)=0\end{cases}$ 解得：

$$b_0 = \frac{\text{Cov}(X,Y)}{D(X)}, a_0 = E(Y) - bE(X) = E(Y) - E(X)\frac{\text{Cov}(X,Y)}{D(X)}$$

将 a, b 代入 $e = E\{(Y - (a + bX))^2\}$ 可得：

$$\min_{a,b} E\{(Y - (a + bX))^2\} = E\{(Y - (a_0 + b_0 X))^2\} = (1 - \rho_{XY}^2)D(Y)$$

由上式知，均方误差 e 是 $|\rho_{XY}|$ 的严格单调递减函数。$|\rho_{XY}|$ 越大，e 越小，说明 X, Y 之间的线性联系越紧密；特别地，当 $|\rho_{XY}| = 1$ 时，X, Y 之间以概率 1 存在着线性关系。所以 ρ_{XY} 是用来衡量 X, Y 之间线性关系紧密程度的量。当 $|\rho_{XY}|$ 较大时，通常说 X, Y 线性相关的程度较好；当 $|\rho_{XY}|$ 较小时，通常说 X, Y 线性相关的程度较差。当 $\rho_{XY} = 0$ 时，称 X, Y 不相关。

由上面的推导过程我们得到相关系数的以下性质：

（1）$|\rho_{XY}| \leq 1$.

（2）$\rho_{XY} = \pm 1$ 的充要条件是，存在常数 a, b 使 $P(Y = a + bX) = 1$.

（3）若 $Y = aX + b$，则 $\begin{cases} a > 0 \text{ 时}, \ \rho_{XY} = 1 \\ a < 0 \text{ 时}, \ \rho_{XY} = -1 \end{cases}$.

证：（1）因 $\min_{a,b} e = E\{(Y - (a + bX))^2\} = (1 - \rho_{XY}^2)D(Y) \geq 0, D(Y) \geq 0$；所以 $1 - \rho_{XY}^2 \geq 0$，即 $|\rho_{XY}| \leq 1$.

（2）若 $|\rho_{XY}| = 1$，因 $E\{(Y - (a_0 + b_0 X))^2\} = 0$，又

$$E((Y - (a_0 + b_0 X))^2) = D(Y - (a_0 + b_0 X)) + (E(Y - (a_0 + b_0 X)))^2$$

由 $D(Y - (a_0 + b_0 X))$ 和 $(E(Y - (a_0 + b_0 X)))^2$ 非负性知，$D(Y - (a_0 + b_0 X)) = 0$.

由方差性质知 $P\{Y - (a_0 + b_0 X) = 0\} = 1$，即 $P\{Y = a_0 + b_0 X\} = 1$.

反之，因存在常数 a^*, b^* 使 $P\{Y = a^* + b^* X\} = 1$，即

$$P\{Y - (a^* + b^* X) = 0\} = 1, \ P\{(Y - (a^* + b^* X))^2 = 0\} = 1,$$

所以 $E\{(Y - (a^* + b^* X))^2\} = 0$.

故 $E\{(Y - (a^* + b^* X))^2\} \geq \min_{a,b} E((Y - (a + bX))^2)$

$$= E\{(Y - (a_0 + b_0 X))^2\}$$

$$= (1 - \rho_{XY}^2)D(Y) = 0$$

得 $|\rho_{XY}| = 1$.

性质（3）证明略.

设 $(X,Y) \sim N(\mu_1, \mu_2, \sigma_1^2, \sigma_2^2, \rho)$，则 $\mathrm{Cov}(X,Y) = \rho\sigma_1\sigma_2, \rho_{XY} = \rho$. 因为 X，Y 相互独立的充分必要条件为 $\rho = 0$，所以当 $(X,Y) \sim N(\mu_1, \mu_2, \sigma_1^2, \sigma_2^2, \rho)$ 时，X，Y 相互独立的充分必要条件为 X，Y 不相关.

【例 4 - 3 - 2】设随机变量 X，Y 分别服从 $N(1, 3^2)$，$N(0, 4^2)$，$\rho_{XY} = -1/2$，$Z = X/3 + Y/2$.

（1）求 Z 的数学期望和方差.

（2）求 X 与 Z 的相关系数.

（3）若 (X, Z) 服从二维正态分布，判断此时 X 与 Z 是否相互独立？

解：（1）由题意知 $E(X) = 1$，$D(X) = 9$，$E(Y) = 0$，$D(Y) = 16$；故：

$$E(Z) = E\left(\frac{X}{3} + \frac{Y}{2}\right) = \frac{1}{3}E(X) + \frac{1}{2}E(Y) = \frac{1}{3}$$

$$D(Z) = D\left(\frac{X}{3}\right) + D\left(\frac{Y}{2}\right) + 2\mathrm{Cov}\left(\frac{X}{3}, \frac{Y}{2}\right)$$

$$= \frac{1}{9}D(X) + \frac{1}{4}D(Y) + \frac{1}{3}\mathrm{Cov}(X,Y)$$

$$= \frac{1}{9}D(X) + \frac{1}{4}D(Y) + \frac{1}{3}\rho_{XY}\sqrt{D(X)}\sqrt{D(Y)}$$

$$= 1 + 4 - 2 = 3$$

（2）$\mathrm{Cov}(X, Z) = \mathrm{Cov}\left(X, \frac{X}{3} + \frac{Y}{2}\right)$

$$= \frac{1}{3}\mathrm{Cov}(X, X) + \frac{1}{2}\mathrm{Cov}(X, Y)$$

$$= \frac{1}{3}D(X) + \frac{1}{2}\rho_{XY}\sqrt{D(X)}\sqrt{D(Y)}$$

$$= 3 - 3 = 0$$

所以 $\rho_{XZ} = \mathrm{Cov}(X, Z)/(\sqrt{D(X)}\sqrt{D(Z)}) = 0$.

（3）由二维正态随机变量相关系数为零和相互独立二者是等价的结论，可知：X 与 Z 是相互独立的.

【例 4 - 3 - 3】设 θ 服从 $[0, 2\pi]$ 的均匀分布，$X = \cos\theta$，$Y = \cos(\theta + a)$ 这里 a 是常数，求 X 和 Y 的相关系数.

解：由题意知：

$$E(X) = \frac{1}{2\pi}\int_0^{2\pi}\cos x\,dx = 0, E(Y) = \frac{1}{2\pi}\int_0^{2\pi}\cos(x+a)\,dx = 0,$$

$$E(X^2) = \frac{1}{2\pi}\int_0^{2\pi}\cos^2 x\,dx = \frac{1}{2}, E(Y^2) = \frac{1}{2\pi}\int_0^{2\pi}\cos^2(x+a)\,dx = \frac{1}{2},$$

$$E(XY) = \frac{1}{2\pi}\int_0^{2\pi}\cos x \times \cos(x+a)\,dx = \frac{1}{2}\cos a$$

故可得相关系数为 $\rho = \cos a$.

特别地：当 $a=0$ 时，$\rho=1$，$X=Y$，或当 $a=\pi$ 时，$\rho=-1$，$X=-Y$，此时 X 和 Y 存在线性关系；当 $a=\frac{\pi}{2}$ 或 $a=\frac{3\pi}{2}$ 时，$\rho=0$，X 与 Y 不相关，但 $X^2+Y^2=1$，因此 X 与 Y 不独立.

三、矩

定义 4-6 设 X,Y 是随机变量，若

$$E(X^k), k=1,2,\ldots$$

存在，则称它为 X 的 k 阶原点矩，简称 k 阶矩；若

$$E\{[X-E(X)]^k\}(k=2,3,\ldots)$$

存在，称它为 X 的 k 阶中心矩；若

$$E(X^kY^l), k,l=1,2,\ldots$$

存在，称它为 X 和 Y 的 $k+l$ 阶混合矩；若

$$E\{(X-E(X))^k(Y-E(Y))^l\}, k,l=1,2,\ldots$$

存在，称它为 X 和 Y 的 $k+l$ 阶混合中心距.

显然，随机变量 X 的数学期望 $E(X)$ 是 X 的一阶原点矩，方差 $D(X)$ 是 X 的二阶中心矩，协方差 $\mathrm{Cov}(X,Y)$ 是 X 和 Y 的二阶混合中心距.

下面介绍 n 维随机变量的协方差矩阵.先从二维随机变量讲起.

二维随机变量 (X_1,X_2) 有四个二阶中心距（假设它们都存在），分别记为：

$$c_{11} = E\{(X_1 - E(X_1))^2\}$$
$$c_{12} = E\{(X_1 - E(X_1))(X_2 - E(X_2))\}$$
$$c_{21} = E\{(X_2 - E(X_2))(X_1 - E(X_1))\}$$
$$c_{22} = E\{(X_2 - E(X_2))^2\}$$

将它们排成矩阵的形式：

$$\begin{pmatrix} c_{11} & c_{12} \\ c_{21} & c_{22} \end{pmatrix}$$

这个矩阵称为随机变量(X_1, X_2)的协方差矩阵.

一般地，有如下的定义：

定义 4 – 7 设 n 维随机变量 $(X_1, X_2, \ldots, X_n)$ 的二阶混合中心距 $c_{ij} = \text{Cov}(X_i, X_j) = E\{(X_i - E(X_i))(X_j - E(X_j))\}, i, j = 1, 2, \ldots, n$ 都存在，则称矩阵：

$$C = \begin{pmatrix} c_{11} & c_{12} & \cdots & c_{1n} \\ c_{21} & c_{22} & \cdots & c_{2n} \\ \vdots & \vdots & & \vdots \\ c_{n1} & c_{n2} & \cdots & c_{nn} \end{pmatrix}$$

为 n 维随机变量$(X_1, X_2, \ldots, X_n)$的协方差矩阵.

由于 $c_{ij} = c_{ji}(i \neq j; i, j = 1, 2, \ldots, n)$，从而上述矩阵是一个对称矩阵.

一般地，n 维随机变量的分布是不知道的，或者是太复杂，以致在数学上不易处理，因此在实际应用中协方差矩阵就显得重要了.

【例 4 – 3 – 4】 设 $(X_1, X_2) \sim N(\mu_1, \mu_2, \sigma_1^2, \sigma_1^2, \rho)$，试求其协方差矩阵.

解：易求 $c_{11} = \sigma_1^2$，$c_{22} = \sigma_2^2$，$c_{12} = c_{21} = \rho\sigma_1\sigma_2$，则：

$$C = \begin{bmatrix} \sigma_1^2 & \rho\sigma_1\sigma_2 \\ \rho\sigma_1\sigma_2 & \sigma_2^2 \end{bmatrix}$$

记 $x = (x_1, x_2)^T$，$\mu = (\mu_1, \mu_2)^T$，则二维随机变量(X_1, X_2)的联合密度函数可以简洁地表达为：

$$f(x) = \frac{1}{2\pi |C|^{1/2}} e^{-\frac{1}{2}(x-\mu)^T C^{-1}(x-\mu)}$$

本章学习目标自检

1. 理解随机变量数学期望、方差、协方差、相关系数的定义与性质.
2. 熟练掌握随机变量数学期望、方差的计算及其性质.
3. 掌握随机变量函数的数学期望、方差的计算.
4. 知道常见分布的数学期望和方差.
5. 掌握随机变量的协方差和相关系数的计算.
6. 了解矩、协方差矩阵的概念.

习题四

一、填空题

1. 连续型随机变量 X 的分布函数为 $F(x) = \begin{cases} 0, & x \leqslant 0 \\ \dfrac{x}{4}, & 0 < x \leqslant 4, \\ 1, & x > 4 \end{cases}$ 则 $D(X) =$

_____.

2. 随机变量 X 和 Y 相互独立，又 $X \sim P(2)$ 和 $Y \sim b(8, 1/4)$，则 $E(X - 2Y) =$ _____，$D(X - 2Y) =$ _____.

3. 设 X，Y 独立且同分布（见表 $4-12$），则 $E(XY) =$ _____.

表 $4-12$

X	0	1
P	$\dfrac{5}{9}$	$\dfrac{4}{9}$

4. 随机变量 X 的方差为 2，则根据切比雪夫不等式，估计 $P\{|X - E(X)| < 2\} \geqslant$ _____.

5. 设 $X \sim N(0,1)$，$Y = X^2$，则 $\mathrm{Cov}(X, Y) =$ _____.

二、单选题

1. 设随机变量 X 和 Y 的关系为 $Y = 2X + 2$，如果 $E(X) = 2$，则 $E(Y) =$
（　　）.

　　A. 4　　　　　　B. 6　　　　　　C. 8　　　　　　D. 10

2. 一个二项分布的随机变量，其方差与数学期望之比为 $3:4$，则该分布的参数 p 等于（　　）.

　　A. 0.25　　　　B. 0.5　　　　　C. 0.75　　　　D. 不能确定

3. 设随机变量 $X \sim N(0,1)$，$Y = 2X + 1$，则 $Y \sim$（　　）.

　　A. $N(1,4)$　　　B. $N(0,1)$　　　C. $N(1,1)$　　　D. $N(1,2)$

4. 设 $X_1, X_2, \ldots, X_n$ 相互独立，且 $D(X_i) = \sigma^2$，$E(X_i) = a$，$i = 1, 2, \ldots, n$，

则 $\bar{X} = \dfrac{1}{n} \sum_{i=1}^{n} X_i$ 的数学期望和方差是（　　）.

　　A. $E(X) = 1, D(\bar{\xi}) = 0$　　　　　　　B. $E(\bar{\xi}) = a, D(\bar{\xi}) = \dfrac{\sigma^2}{n}$

　　C. $E(\bar{\xi}) = a, D(\bar{\xi}) = \sigma^2$　　　　　D. $E(\bar{\xi}) = \dfrac{a}{n}, D(\bar{\xi}) = \dfrac{\sigma^2}{n}$

5. 设 X_1，X_2，Y 均为随机变量，已知 $\mathrm{Cov}(X_1, Y) = -1$，$\mathrm{Cov}(X_2, Y) = 3$，则 $\mathrm{Cov}(X_1 + 2X_2, Y) =$（　　）.

　　A. 2　　　　　　B. 1　　　　　　C. 4　　　　　　D. 5

三、计算题

1. 把数字 $1, 2, \ldots, n$ 任意地排成一列，如果数字 k 恰好出现在第 k 个位置上，则称为一个巧合，求巧合个数的数学期望.

2. 一台设备由三大部件构成，在设备运转中各部件需要调整的概率相应为 0.1，0.2，0.3，假设各部件相互独立，以 X 表示同时需要调整的部件数，求数学期望 $E(X)$ 和方差 $D(X)$.

3. 已知随机变量 X 的概率分布如表 $4-13$ 所示，求 $E(4X^2 + 6)$.

表 4-13

X	-2	0	1
p_i	0.3	0.4	0.3

4. 设随机变量 X 的概率密度为：

$$f(x) = \begin{cases} a + bx^2, & 0 < x < 1 \\ 0, & \text{其他} \end{cases}$$

已知 $E(X) = \dfrac{3}{5}$，求 $D(X)$.

5. 设二维随机变量 (X,Y) 的分布律如表 4 – 14 所示．求：$E(2X + 3Y)$；$E(XY)$.

表 4 – 14

Y \ X	0	1
0	$\dfrac{1}{3}$	0
1	$\dfrac{1}{2}$	$\dfrac{1}{6}$

6. 设二维随机变量 (X,Y) 的概率密度为：

$$f(x,y) = \begin{cases} \dfrac{1}{8}xy, & 0 \leqslant x \leqslant 2, 0 \leqslant y \leqslant 2 \\ 0, & \text{其他} \end{cases}$$

求：$E(X)$；$E(Y)$；ρ_{XY}.

7. 设 X, Y 是两个相互独立且均服从正态分布 $N\left(0, \dfrac{1}{2}\right)$ 的随机变量，求随机变量 $|X - Y|$ 的数学期望．

8. 设 X 与 Y 相互独立，$E(X) = E(Y) = 0, D(X) = D(Y) = 1$，求 $E((X + Y)^2)$.

9. 设二维随机变量 (X,Y) 的概率密度为：

$$f(x,y) = \begin{cases} 8xy, & 0 \leqslant x \leqslant 1, 0 \leqslant y \leqslant x \\ 0, & \text{其他} \end{cases}$$

求：$\mathrm{Cov}(X,Y)$；ρ_{XY}.

10. 设二维随机变量 (X, Y) 的概率密度为：

$$f(x,y) = \begin{cases} \dfrac{1}{\pi}, & x^2 + y^2 \leqslant 1 \\ 0, & \text{其他} \end{cases}$$

试问：X 与 Y 是否相互独立？是否相关？

11. 某车间生产一种电子器件，月平均产量为 9500 个，标准差为 100 个，试估计车间月产量为 9000~10000 个的概率.

第五章　大数定律与中心极限定理

一、成衣设计尺码标准的确立

成衣是指服装企业按标准型号批量生产的成品服装，一般在裁缝店里定做的服装和专用于表演的服装等不属于成衣范畴．一般商场、成衣商店内出售的服装都是成衣．

表 5-1 是某女式成衣的尺码．请思考：女式衣服的尺寸为什么这样设定？男式和女式的尺码设定标准一样吗？

表 5-1

部位	上衣尺码				
	M	L	XL	XXL	正负公差
胸围	90	94	98	100	±1
衣长	58	60	62	63	±1
袖长	56	57	58	59	±0.5
肩宽	39	40	41	42	±1

续表

部位	裤子尺码				
	M	L	XL	XXL	正负公差
腰围	60	64	68	70	±1
裤长	98	100	102	103	±1
臀围	90	94	98	100	±1

二、电子元件的寿命之和的概率

某种电器元件的寿命服从均值为100（单位：小时）的指数分布. 现随机地取16只，设它们的寿命是相互独立的. 求这16只元件的寿命的总和大于1920小时的概率？

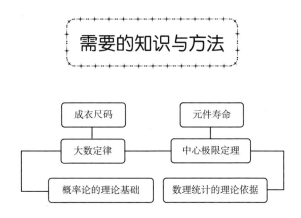

第一节　大数定律

大数定律与中心极限定理是概率论与数理统计学中极为重要的两类极限定理. 大数定律主要讨论在什么条件下，随机变量序列的前 n 项算术平均值收敛到这些项均值的算术平均值；中心极限定理主要揭示在什么条件下，大量的随机变量之和逼近于正态分布.

第一章曾提到，随机事件发生的频率具有稳定性，即频率会随着试验次数的增加稳定于事件的概率. 另外，在实践中人们还认识到，大量测量值的算术平均值也具有稳定性，即平均结果的稳定性. 例如，欲估计某高校上万名学生的平均身高，随机观测一名学生的身高，该值与全校学生的平均身高可能相差甚远，如果进一步观测 2000 名学生的身高，计算出这 2000 名学生的平均身高，该值与全校学生的平均身高可能就比较接近. 大数定律就是以严格的数学形式对频率的稳定性与平均结果的稳定性做出理论说明.

定义 5 – 1 设 $X_1, X_2, \ldots, X_n, \ldots$ 为随机变量序列，如果存在常数 a，对任意 $\varepsilon > 0$，有 $\lim\limits_{i \to \infty} P\{|X_i - a| < \varepsilon\} = 1$，则称随机变量序列 $\{X_i\}$ 依概率收敛于 a. 记为 $X_i \xrightarrow[i \to \infty]{P} a$，或 $X_n \xrightarrow{P} a$.

设 $X_1, X_2, \ldots, X_n, \ldots$ 为随机变量序列，$E(X_i), i = 1, 2, \ldots$ 都存在，若

$$\frac{\sum\limits_{i=1}^{n} X_i}{n} - \frac{\sum\limits_{i=1}^{n} E(X_i)}{n} \xrightarrow{P} 0$$

则称 $\{X_i\}$ 服从大数定律.

定理 5 – 1（辛钦大数定律） 设 $X_1, X_2, \ldots, X_n, \ldots$ 是相互独立同分布的随机变量序列，且具有数学期望 $E(X_i) = \mu(i = 1, 2, \ldots)$，做前 n 个变量的算术平均 $\dfrac{1}{n} \sum\limits_{i=1}^{n} X_i$，则对任意 $\varepsilon > 0$，有：

$$\lim_{n \to \infty} P\left\{ \left| \frac{1}{n} \sum_{i=1}^{n} X_i - \mu \right| < \varepsilon \right\} = 1$$

即序列 $\bar{X}_n = \dfrac{1}{n} \sum\limits_{i=1}^{n} X_i$ 依概率收敛于 μ，记为 $\bar{X}_n \xrightarrow{P} \mu$.

背景介绍： 亚历山大·雅科夫列维奇·辛钦（Aleksandr Yakovlevich Khinchin，1894—1959），苏联数学家和数学教育家，现代概率论的奠基者之一，曾在分析学、数论、概率论及对统计学力学的应用等方面有重要贡献.

辛钦是莫斯科概率论学派的创始人之一. 关于独立随机变量序列，他与柯尔莫哥洛夫讨论了随机变量级数的收敛性，他证明了辛钦大数定律. 辛钦大数定律也是由他的姓氏命名，这一定律使算术平均值的法则有了理论依据，也是参数估计的重要理论基础. 随着科学的发展，辛钦

大数定律与多种学科相结合，衍生出了许多新的综合性定律，在实际应用中起到了重要的作用.

资料来源：施泰. 辛钦［J］. 统计与预测，2006（4）：46 - 47；梁宗巨，等. 数学家传略辞典［M］. 济南：山东教育出版社，1989：652 - 653。

证明：因为 $E(\bar{X}_n) = \frac{1}{n}\sum_{i=1}^{n}E(X_i) = \mu$，$D(\bar{X}_n) = \frac{1}{n^2}\sum_{i=1}^{n}D(X_i) = \frac{\sigma^2}{n}$，

对任意的 $\varepsilon > 0$，由切比雪夫不等式可得：

$$1 \geqslant P\left\{\left|\frac{1}{n}\sum_{i=1}^{n}X_i - \mu\right| < \varepsilon\right\} \geqslant 1 - \frac{\sigma^2/n}{\varepsilon^2}$$

令上式中的 $n \to \infty$，有 $\lim_{n\to\infty}P\left\{\left|\frac{1}{n}\sum_{i=1}^{n}X_i - \mu\right| < \varepsilon\right\} = 1$.

这说明，对于任意的 $\varepsilon > 0$，当 n 充分大时，独立同分布且具有数学期望的随机变量序列 $X_1, X_2, \ldots, X_n, \ldots$ 前 n 项的算术平均 $\bar{X}_n = \frac{1}{n}\sum_{i=1}^{n}X_i$ 以接近于 1 的概率落在随机变量期望 μ 的任意小的邻域内. 所以只要试验次数足够多，就可以用随机变量序列的前 n 项的算术平均值作为随机变量期望的估计值.

定理 5 - 1 还可以推广为：设 $\{X_i\}$ 为独立同分布的随机变量序列，且 $E(X_i^k)$ 存在，则 $\frac{1}{n}\sum_{i=1}^{n}X_i^k \xrightarrow{P} EX_i^k, k = 1, 2, \ldots$ 这也是数理统计学中参数估计理论的基础.

定理 5 - 2（伯努利大数定律）　设 $\{X_i\}$ 是相互独立同分布的随机变量序列，且 $X_i \sim B(1, p)$，$i = 1, 2, \ldots$. 记 $\mu_n = \sum_{i=1}^{n}X_i$，则对任意的 $\varepsilon > 0$，有 $\lim_{n\to\infty}P\left\{\left|\frac{\mu_n}{n} - p\right| < \varepsilon\right\} = 1$ 或 $\lim_{n\to\infty}P\left\{\left|\frac{\mu_n}{n} - p\right| \geqslant \varepsilon\right\} = 0$，即 $\frac{\mu_n}{n} \xrightarrow{P} p$.

由辛钦大数定律易证.

背景介绍：雅各布·伯努利（Jakob Bernoulli，1654—1705），伯努利家族代表人物之一，瑞士数学家，被公认的概率论的先驱之一. 伯努利在 1713 年提出了一个极限定理，当时这个定理还没有名称，后来人们称这个定理为伯努利大数定律. 因此概率论历史上第一个有关大数定

律的极限定理是属于伯努利的，它是概率论和数理统计学的基本定律，属于弱大数定律的范畴.

当大量重复某一实验时，最后的频率无限接近事件概率. 而伯努利成功地通过数学语言将现实生活中这种现象表达出来，赋予其确切的数学含义. 他让人们对于这一类问题有了新的认识，有了更深刻的理解，为后来的人们研究大数定律问题指明了方向，起到了引领作用，其为大数定律的发展奠定了基础.

资料来源：佚名. "盛产"数学家的家族——伯努利家族［J］. 语数外学习（高中版上旬），2018（9）：65 – 67。

伯努利大数定律表明：当 n 充分大时，事件 A 发生的频率 $\dfrac{\mu_n}{n}$ 以接近于 1 的概率落在概率 p 的任意小的邻域内. 这从理论上证明了频率的稳定性. 在实际应用中，当试验次数很大时，可以用事件的频率来代替事件的概率. 例如要估计某种产品的次品率 p，则可从这批产品中随机抽取 n 件，当 n 较大时，这 n 件产品中的次品比例可作为该产品次品率 p 的估计值.

下面通过大数定律来解释成衣尺码问题. 为了设置成衣尺码，首先要从人群中抽取身高在某个范围内（如身高在 158～162 厘米之间）的样本，量取每个个体相关的尺寸及其体重，将体重值分为四个区间，计算各个区间上相关尺寸的平均值，即为成衣尺码的相关尺寸；可以多次选取不同样本，取各样本相应尺寸的平均值. 由辛钦大数定律知道样本的平均值以概率收敛于总体的期望，也就是说样本的平均值近似等于对应体重、身高段人群中人的相关尺寸. 当然男式衣服的尺码标准需要抽取相应的男士样本，女式衣服需要抽取女士样本，两者的制定方法相同，只是抽取样本的人群不同. 如果希望制作出更舒适、更合体的衣服只需要将身高、体重划分得更细致，抽取更多的样本.

第二节　中心极限定理

在客观实际中遇到的受种种随机因素影响且各个因素的影响作用都很微小的随机变量都服从或者近似服从正态分布，这就是中心极限定理研究的重要内容. 中心极限定理实际上就是有关大量随机变量和的极限分布为正态分布的定理. 下面将不加证明地介绍三个常用的中心极限定理.

定理 5 – 3（独立同分布的中心极限定理） 设随机变量 $X_1, X_2, \dots, X_n, \dots$ 相互独立，服从同一分布，且具有数学期望和方差：$E(X_i) = \mu$，$D(X_i) = \sigma^2 > 0, i = 1, 2, \dots$. 记随机变量 $Y_n = \dfrac{\sum\limits_{i=1}^{n} X_i - n\mu}{\sqrt{n}\,\sigma}$ 的分布函数为 $F_n(x)$，则对任意的实数 x，有：

$$\lim_{n \to \infty} F_n(x) = \lim_{n \to \infty} P\{Y_n \leqslant x\} = \lim_{n \to \infty} P\left\{ \frac{\sum\limits_{i=1}^{n} X_i - n\mu}{\sqrt{n}\,\sigma} \leqslant x \right\}$$

$$= \int_{-\infty}^{x} \frac{1}{\sqrt{2\pi}} e^{-\frac{t^2}{2}} \mathrm{d}t = \Phi(x)$$

其中 $\Phi(x)$ 为标准正态分布函数.

独立同分布的中心极限定理也称为林德伯格 – 莱维定理. 它表明：n 充分大时，方差存在的独立同分布的随机变量序列 $X_1, X_2, \dots, X_n, \dots$ 之和 $\sum\limits_{i=1}^{n} X_i$ 的标准化变量近似服从标准正态分布，从而，$\sum\limits_{i=1}^{n} X_i$ 近似服从 $N(n\mu, n\sigma^2)$，即许多个方差存在的独立同分布的随机变量之和近似服从正态分布.

背景介绍：贾尔·瓦尔德马·林德伯格（Jarl Waldemar Lindeberg，1876—1932），芬兰数学家，因其在中心极限定理方面的成就而著名. 林德伯格从小就表现出数学方面的天赋和兴趣. 他早期的兴趣在偏微分方程和积分变换，但是从 1920 年，他的兴趣开始转向概率和数理统计. 1920 年，他发表了他的中心极限定理的第一篇论文，其研究方法是基于卷积定理. 两年后林德伯格用自己的方法又获得更稳定的结果，即所谓的 Lindeberg 条件.

保罗·皮埃尔·莱维（Paul Pierre Lévy，1886—1971），法国数学家，现代概率论开拓者之一. 莱维于 1919 年开始研究概率论，他重新发现并完善了特征函数理论，特别是给出了逆转公式和连续性定理，他将古典中心极限定理收敛于正态律的提法改变为收敛于稳定律，他提出无穷小三角序列的极限律类为无穷可分律类. 作为研究分布律收敛的工具, 他还提出了分布律的莱维距离、散布函数和集结函数的概念. 概率论中的莱维过程（Lévy processes）、莱维测度（Lévy measure）、莱维分布（Lévy distribution）等都是以他的名字命名. 莱维对概率论、泛函分析、拓扑学、力学都做出了贡献, 尤以概率论、泛函分析为最.

这个中心极限定理是由林德伯格和莱维分别独立地在 1920 年获得的, 该结论在数理统计的大样本理论中有广泛的应用, 同时也为计算独立同分布的随机变量之和的近似概率提供了简单的方法.

资料来源: 杨静, 邓明立. 中心极限定理的创立与发展 [J]. 科学, 2013, 65 (5): 57 - 59。

【例 5 - 2 - 1】某种电器元件的寿命服从均值为 100（单位: 小时）的指数分布. 现随机地取 16 只, 设它们的寿命是相互独立的. 求这 16 只元件的寿命总和大于 1920 小时的概率?

解: 设第 i 只电器元件的寿命为 $X_i, i = 1, 2, \ldots, 16$, 以 t 记 16 只元件寿命的总和: $t = \sum_{i=1}^{16} X_i$, 由题意设 $E(X_i) = 100, D(X_i) = 100^2$. 由中心极限定理知 $\dfrac{t - 16 \times 100}{\sqrt{16}\sqrt{100^2}}$ 近似服从 $N(0,1)$ 分布, 故所求概率为:

$$
\begin{aligned}
P\{t > 1920\} &= 1 - P\{t \leqslant 1920\} \\
&= 1 - P\left\{\frac{t - 16 \times 100}{\sqrt{16}\sqrt{100^2}} \leqslant \frac{1920 - 16 \times 100}{\sqrt{16}\sqrt{100^2}}\right\} \\
&\approx 1 - \Phi\left(\frac{1920 - 1600}{400}\right) = 1 - \Phi(0.8) \\
&= 1 - 0.7881 \\
&= 0.2119
\end{aligned}
$$

定理 5 - 4（棣莫弗 - 拉普拉斯中心极限定理） 设 $\{X_i\}$ 为独立同分布的随机变量序列, 且 $X_i \sim B(1, p)$, $i = 1, 2, \ldots$, 令 $Y_n = \sum_{i=1}^{n} X_i$, 则对任意的实数 x, 有:

$$\lim_{n\to\infty}P\left\{\frac{Y_n-np}{\sqrt{np(1-p)}}\leqslant x\right\}=\int_{-\infty}^{x}\frac{1}{\sqrt{2\pi}}e^{-\frac{t^2}{2}}dt=\varPhi(x)$$

其中 $\varPhi(x)$ 为标准正态分布 $N(0,1)$ 的分布函数.

证明：因为 $E(X_i)=p,D(X_i)=p(1-p)$，且：

$$\frac{\frac{1}{n}\sum_{i=1}^{n}X_i-\mu}{\sigma/\sqrt{n}}=\frac{\frac{1}{n}Y_n-p}{\sqrt{p(1-p)}/\sqrt{n}}=\frac{Y_n-np}{\sqrt{np(1-p)}}$$

由定理 5 - 3 得 $\lim_{n\to\infty}P\left\{\frac{Y_n-np}{\sqrt{np(1-p)}}\leqslant x\right\}=\varPhi(x)$.

背景介绍：亚伯拉罕·棣莫弗（Abraham De Moivre，1667—1754），法国裔英国籍数学家，分析三角及概率论的先驱. 他 1697 年被选入英国皇家学会. 1718 年出版《机遇论》，这是早期概率论的重要著作，其中第一次定义独立事件的乘法定理.

棣莫弗首先得到了观测值的算术平均精度与观测次数之间的关系，为人们认识自然提供了新的视角. 以他名字命名的中心极限定理，是他对数学的重要贡献之一. 在他的发现之后约 40 年，拉普拉斯才得到中心极限定理较一般的形式，独立和的中心极限定理在 20 世纪 30 年代才最后完成. 中心极限定理是数理统计学中大样本统计推断的基础，可以说棣莫弗是这一重要工作的奠基人.

皮埃尔·西蒙·拉普拉斯（Pierre Simon Laplace，1749—1827），出生于诺曼底，概率论的创始人，法国数学家、天文学家，法国科学院院士，是天体力学的主要奠基人、天体演化学的创立者之一，他还是分析概率论的创始人，因此可以说他是应用数学的先驱. 拉普拉斯在研究天体问题的过程中，创造和发展了许多数学的方法，以他的名字命名的拉普拉斯变换、拉普拉斯定理和拉普拉斯方程，在科学技术的各个领域有着广泛的应用.

资料来源：梁宗巨，等. 数学家传略辞典［M］. 济南：山东教育出版社，1989：146 - 147；朱照宣. 中国大百科全书：力学［M］. 北京：中国大百科全书出版社，1985。

定理 5 − 4 中的 Y_n 实际上就是 n 重伯努利概型中事件 A 发生的次数，在一次试验中事件 A 发生的概率为 p，则 $Y_n \sim B(n,p)$. 由定理 5 − 4 可知，当 n 充分大时，Y_n 近似地服从正态分布 $N(np, np(1-p))$，即正态分布是二项分布的极限分布. 该定理为二项分布的近似概率计算提供了简单有效的方法.

【例 5 − 2 − 2】设电站供电网有 10000 盏灯，夜晚每一盏灯开灯的概率都是 0.7，假定所有电灯开或关是彼此独立的，试估计夜晚开着的灯数在 6800 ~ 7200 之间的概率.

解：设同时开着的灯数为 X，则 $X \sim B(10000, 0.7)$.

$np = 10000 \times 0.7 = 7000$，$\sqrt{np(1-p)} = \sqrt{10000 \times 0.7 \times 0.3} \approx 45.826$

$$P\{6800 \leqslant X \leqslant 7200\} = P\left\{\frac{6800-7000}{45.826} \leqslant \frac{X-10000 \times 0.7}{\sqrt{10000 \times 0.7 \times 0.3}} \leqslant \frac{7200-7000}{45.826}\right\}$$

$$\approx \Phi\left(\frac{7200-7000}{45.826}\right) - \Phi\left(\frac{6800-7000}{45.826}\right)$$

$$\approx 2\Phi(4.364) - 1 \approx 0.999987$$

【例 5 − 2 − 3】一工厂有三种笔记本出售，由于售出哪一种笔记本是随机的，因而售出一本笔记本的价格（单位：元）是一个随机变量，它取 2，3，4，各个值的概率分别为 0.3，0.2，0.5. 某天售出 300 本笔记本. 求：

（1）这天的收入至少 1000 元的概率.

（2）这天售出价格为 3 元的笔记本多于 60 本的概率.

解：（1）设一本笔记本的价格为 X_i，其分布律如表 5 − 2 所示：

表 5 − 2

X_i	2	3	4
P	0.3	0.2	0.5

$i = 1, 2, \ldots, 300$，则 $E(X_i) = 3.2$，$D(X_i) = 0.76$，由定理 5 − 3，所求概率为：

$$P\{X \geqslant 1000\} \approx 1 - \Phi\left(\frac{1000 - 300 \times 3.2}{\sqrt{300 \times 0.76}}\right)$$

$$= 1 - \Phi(2.65)$$

$$= 1 - 0.996 = 0.004$$

（2）令 $Y_i = \begin{cases} 1, & \text{第 } i \text{ 只笔记本为 3 元} \\ 0, & \text{其他} \end{cases}$，$i = 1,2,\ldots,300$，记 $Y = \sum_{i=1}^{n} Y_i$，

则 $Y \sim B(300,0.2)$，由定理 5 – 4，所求概率为：

$$P\{Y \geqslant 60\} = 1 - P\{Y < 60\}$$

$$\approx 1 - \Phi\left(\frac{60 - 300 \times 0.2}{\sqrt{300 \times 0.2 \times 0.8}} \right)$$

$$= 1 - \Phi(0) = 0.5$$

定理 5 – 5（独立非同分布的中心极限定理） 设随机变量 $X_1, X_2, \ldots,$ $X_n, \ldots$ 相互独立，具有数学期望和方差 $E(X_i) = \mu_i$，$D(X_i) = \sigma_i^2 > 0$，$i = 1,2,\ldots$，记 $B_n^2 = \sum_{k=1}^{n} \sigma_k^2$. 若存在正数 δ，使得当 $n \to \infty$ 时，

$$\frac{1}{B_n^{2+\delta}} \sum_{k=1}^{n} E\{|X_k - \mu_k|^{2+\delta}\} \to 0$$

则随机变量之和 $\sum_{i=1}^{n} X_i$ 的标准化变量

$$Z_n = \frac{\sum_{i=1}^{n} X_i - \sum_{i=1}^{n} \mu_i}{B_n}$$

对于任意的实数 x，满足

$$\lim_{n \to \infty} P(Z_n \leqslant x) = \int_{-\infty}^{x} \frac{1}{\sqrt{2\pi}} e^{-\frac{t^2}{2}} dx = \Phi(x)$$

该定理又称为李雅普诺夫定理.

背景介绍： 亚历山大·李雅普诺夫（Aleksandr Mikhailovich Lya-punov，1857—1918），俄国数学家、力学家. 李雅普诺夫是切比雪夫创立的圣彼得堡学派的杰出代表，他的建树涉及多个领域，尤以概率论、微分方程和数学物理最有名.

在概率论中，他创立了特征函数法，实现了概率论极限定理在研究方法上的突破，这个方法的特点在于能保留随机变量分布规律的全部信

息，提供了特征函数的收敛性质与分布函数的收敛性质之间的一一对应关系，给出了比切比雪夫、马尔可夫关于中心极限定理更简单而严密的证明，即引入了特征函数这一有力工具，从一个全新的角度去考察中心极限定理，在相当宽的条件下证明了中心极限定理．他还利用这一定理第一次科学地解释了为什么实际中遇到的许多随机变量近似服从正态分布．他对概率论的建树主要发表在其 1900 年的《概率论的一个定理》和 1901 年的《概率论极限定理的新形式》论文中．他的方法已在现代概率论中得到广泛的应用。

资料来源：徐传胜．李雅普诺夫：逐梦唯美天空的俄罗斯数学家［J］．科技导报，2021，39（7）：120－124。

定理 5－5 中的条件"当 $n \to \infty$ 时，$\frac{1}{B_n^{2+\delta}} \sum_{k=1}^{n} E\{|X_k - \mu_k|^{2+\delta}\} \to 0$"实际上就是要求和式中的各项"均匀地小"，这就是说无论随机变量服从什么分布，只要满足定理的条件，那么当 n 充分大时，随机变量的和就近似服从正态分布．即一个随机变量如果可以表示为大量的相互独立的随机变量之和，且各个随机变量对总和都不起主要作用，那么可以认为该随机变量近似地服从正态分布．由此也就解释了自然界中广泛存在着正态分布的原因．比如，一个城市的用水量是大量用户用水量的总和；一个超市的销售金额是大量消费者销售金额的总和，一个学校成绩的总分是该学校各个学生成绩的总和，这些随机变量都近似地服从正态分布．

本章学习目标自检

1. 理解大数定律在概率论中的重要意义．
2. 掌握独立同分布的中心极限定理．
3. 了解独立非同分布的中心极限定理．

习题五

一、填空题

1. 设随机变量 $E(X)=\mu$，方差 $D(X)=\sigma^2$，则由切比雪夫不等式有 $P\{|X-\mu|\geqslant 6\sigma\}\leqslant$ _____.

2. 设 $X_1,X_2,\dots,X_n$ 是 n 个相互独立同分布的随机变量，$E(X_i)=\mu$，$D(X_i)=9$，$i=1,2,\dots,n$；对于 $\bar{X}=\sum\limits_{i=1}^{n}\dfrac{X_i}{n}$，写出 $\bar{X}$ 所满足的切比雪夫不等式_____，并估计 $P\{|\bar{X}-\mu|<3\}\geqslant$ _____.

3. 设随机变量 $X_1,X_2,\dots,X_{12}$ 相互独立且同分布，而且有 $E(X_i)=1$，$D(X_i)=1,i=1,2,\dots,12$；令 $X=\sum\limits_{i=1}^{12}X_i$，则对任意给定的 $\varepsilon>0$，由切比雪夫不等式直接可得 $P\{|X-12|<\varepsilon\}\geqslant$ _____.

4. 设随机变量 X 满足：$E(X)=\mu$，$D(X)=\sigma^2$，则由切比雪夫不等式，有 $P\{|X-\mu|\geqslant k\sigma\}\leqslant$ _____.

5. 设随机变量 X，$E(X)=\mu$，$D(X)=\sigma^2$，则 $P\{|X-\mu|<5\sigma\}\geqslant$ _____.

6. 设 $X_1,X_2,\dots,X_n$ 为相互独立的随机变量序列，且 $X_i(i=1,2,\dots)$ 服从参数为 λ 的泊松分布，则 $\lim\limits_{n\to\infty}P\left\{\dfrac{\sum\limits_{i=1}^{n}X_i-n\lambda}{\sqrt{n\lambda}}\leqslant x\right\}=$ _____.

7. 设 Y_n 表示 n 次独立重复试验中事件 A 出现的次数，p 是事件 A 在每次试验中出现的概率，则 $P\{a<Y_n\leqslant b\}\approx$ _____.

8. 设随机变量 X，Y 的数学期望都是 4，方差分别为 4 和 9，而相关系数为 0.5，则根据切比雪夫不等式 $P\{|X-Y|\geqslant 7\}\leqslant$ _____.

9. 设 $X_1,X_2,\dots,X_n$ 为随机变量序列，a 为常数，则 $\{X_n\}$ 依概率收敛于 a 是指 $\forall\varepsilon>0$，$\lim\limits_{n\to+\infty}P\{|X_n-a|<\varepsilon\}=$ _____，或 $\forall\varepsilon>0$，$\lim\limits_{n\to+\infty}P\{|X_n-a|\geqslant\varepsilon\}=$ _____.

10. 设供电站电网有 100 盏电灯，夜晚每盏灯开灯的概率皆为 0.8. 假设每盏灯开关是相互独立的,若随机变量 X 为 100 盏灯中开着的灯数,则由切比雪夫不等式估计,X 落在 75~85 之间的概率不小于_____.

二、计算与证明题

1. 抽样检查产品质量时,如果发现次品多于 10 个,则拒绝接受这批产品. 设某批产品次品率为 10%,问至少应抽取多少个产品检查才能保证拒绝接受该产品的概率达到 0.9?

2. 设某单位内部有 1000 台电话分机,每台分机有 5% 的时间使用外线通话,假定各个分机是否使用外线是相互独立的,该单位总机至少需要安装多少条外线,才能以 95% 以上的概率保证每台分机需要使用外线时不被占用?

3. 军事演习时,某小队对敌人的阵地进行 100 次射击,每次射击时命中目标的炮弹数是一个随机变量,其数学期望为 2,均方差为 1.5,求在 100 次射击中有 180~220 颗炮弹命中目标的概率[附:$\Phi(1.33)=0.9082$,$\Phi(1.34)=0.9099$].

4. 某种电子器件的寿命(以小时计)具有数学期望 μ(未知),方差 $\sigma^2=400$. 为了估计 μ,随机地取 n 只这种器件,在时刻 $t=0$ 投入测试(测试是相互独立的)直到失效,测得其寿命为 $X_1,X_2,\dots,X_n$,以 $\bar{X}=\dfrac{1}{n}\sum_{i=1}^{n}X_i$ 作为 μ 的估计. 为使 $P\{|\bar{X}-\mu|<1\}\geq 0.95$,问 n 至少为多少?

5. 已知在某十字路口,一周事故发生数的数学期望为 2.2,标准差为 1.4. 完成以下任务:

(1)以 $\bar{X}$ 表示一年(以 52 周计)此十字路口事故发生数的算术平均,试用中心极限定理求 $\bar{X}$ 的近似分布,并求 $P\{\bar{X}<2\}$.

(2)求一年事故发生数小于 100 的概率.

6. 将一枚硬币连掷 100 次,试用隶莫佛 - 拉普拉斯定理计算出现正面的次数大于 60 的概率.

7. 计算机在进行加法计算时,把每个加数取为最接近它的整数来计算,设所有取整误差是相互独立的随机变量,并且都在区间 $[-0.5,0.5]$ 上服从均匀分布,求 1200 个数相加时误差总和的绝对值小于 10 的概率.

8. 一通信系统拥有 50 台相互独立起作用的交换机. 在系统运行期间,每台交换机能清晰接收信号的概率为 0.90. 系统正常工作时,要求能清晰接收信号的交换机至少 45 台. 求该通信系统能正常工作的概率.

第六章 数理统计的基本概念

概率论是在随机变量分布已知的条件下，研究它的性质、特点和规律性，如求随机变量取某些特定值的概率、随机变量的数字特征，研究多个随机变量之间的关系等．在数理统计中，随机变量的分布往往是未知的，通过对随机变量进行多次独立重复的试验与观测，获取数据，利用实际观测数据研究随机变量的分布，对其分布函数、数字特征等进行估计和推断．

数理统计学的发展以时间为轴大约可分为三个阶段．

19 世纪以前为萌芽阶段，在这一阶段统计学的工作没有超出描述统计学的范畴，但是概率论得到了较多的发展，为数理统计学的建立做好了准备；确立了数据来自服从一定概率分布的总体，而统计问题就是用数据去推断这个分布中的未知方面这一观点，这种观点加强了推断的地位，而使统计学摆脱了单纯描述的性质．

19 世纪到 20 世纪中期为近代统计学时期，这一时期是数理统计学蓬勃发展达到成熟的阶段，数理统计学的主要分支、重要的观点与方法都是这一时期建立的．例如，卡尔·皮尔森的大样本 χ^2 分布理论、戈赛特的小样本 t 分布理论、费希尔的 F 分布与试验设计方法以及奈曼与皮尔森的置信区间估计理论与假设检验理论等．

20 世纪中期以后可以看作是现代统计学时期，这一时期数理统计学在理论与应用方面得到了迅速的发展，如瓦尔德的统计决策理论以及贝叶斯学派的崛起．电子计算机的出现，使数理统计学的应用达到了前所未有的规模，在产品的质量控制和检验、新产品的评价、经济管理与决策、气象（地震）预报、自动控制等领域都不乏数理统计的应用．

本章将介绍数理统计的基本概念、χ^2 分布、t 分布、F 分布以及正态分布相关的抽样分布．

第一节 几个基本概念

一、总体与样本

在统计学中，称研究对象的全体为总体，称组成总体的每个基本单元为个体．从总体中随机抽取 n 个个体，称这 n 个个体为容量为 n 的样本．

例如，研究某地低保户的年收入时，该地所有低保户的年收入就是一个总体，每个低保户的年收入就是个体．显然，低保户年收入 X 是随机变量，我们研究的总体就是低保户年收入 X 的取值全体，所以也称随机变量 X 为总体，X 的分布称为总体分布，记为 $F(x)$．

为了调查低保户年收入的状况，最直观的想法是调查所有低保户的收入数据，即普查，但是普查要花费大量的人力、物力、时间；作为日常管理和统计，通常可以从总体中抽取一部分个体，比如，抽取 n 个低保户，得到一组年收入数值 $x_1, x_2, \dots, x_n$，由于这组数值是随着每次抽样而变化的，所以，$x_1, x_2, \dots, x_n$ 是一个 n 维随机变量 $X_1, X_2, \dots, X_n$ 的观察值．称 $X_1, X_2, \dots, X_n$ 为总体的一组样本，n 为样本容量，$x_1, x_2, \dots, x_n$ 为样本的一组观测值．

在实际应用中，希望从总体 X 中抽取的个体具有代表性，即能反映总体的相关特征，也就是与总体有相同的分布；同时也希望抽取的个体之间相互独立，即抽取的各个个体之间相互没有影响．满足这两个条件的抽样方法为简单随机抽样：

（1）独立性．样本 $X_1, X_2, \dots, X_n$ 为相互独立的随机变量．

（2）代表性. 每个 $X_i(i=1,\ldots,n)$ 与总体 X 具有相同分布.

由简单随机抽样方法抽取的样本 $X_1,X_2,\ldots,X_n$ 称为简单随机样本. 由所有样本值组成的集合 $S = \{(x_1,\ldots,x_n)\,|\,x_i \in R, i=1,\ldots,n\}$ 称为样本空间. 今后提到的样本都是指简单随机样本.

一般来说，采用放回抽样即可得到简单随机样本；无放回抽样时，只要总体中个体的数目比样本容量大得多，也可将无放回抽样近似地看成有放回抽样.

设总体 X 的分布函数为 $F(x)$，$X_1,X_2,\ldots,X_n$ 是来自总体 X 的样本，则该样本的联合分布函数为：

$$F(x_1,\ldots,x_n) = P\{X_1 \leqslant x_1,\ldots,X_n \leqslant x_n\}$$

$$= \prod_{i=1}^{n} P\{X_i \leqslant x_i\}$$

$$= \prod_{i=1}^{n} F(x_i), x_i \in R, i=1,\ldots,n$$

若总体 X 是连续型随机变量，且具有密度函数 $f(x)$，则样本 $X_1,X_2,\ldots,X_n$ 的联合密度函数为

$$f(x_1,\ldots,x_n) = \prod_{i=1}^{n} f(x_i), \quad x_i \in R, \ i=1,\ 2,\ \ldots,\ n$$

若总体 X 是离散型随机变量，且具有分布律 $P\{X=a_i\}=p_i, i=1,2,\ldots,n$，则样本 $X_1,X_2,\ldots,X_n$ 的联合分布律为

$$P\{X_1 = x_1, X_2 = x_2,\ldots,X_n = x_n\} = \prod_{i=1}^{n} P\{X_i = x_i\}$$

二、直方图与经验分布函数

实际问题中总体 X 的分布函数 $F(x)$ 往往是未知的，需要通过样本来推断. 一般可通过观察样本观测值的分布情况来了解总体的分布形式. 观察样本观测值的分布情况，了解总体的分布规律，常用直方图与经验分布函数.

1. 直方图

直方图是对一组数据 $x_1,x_2,\ldots,x_n$ 分布情况的图形描述，可用来近似描

概率论与数理统计

述连续型随机变量的概率密度函数. 样本容量越大，其近似程度也就越好.

假设 $x_1,x_2,\ldots,x_n$ 为连续型总体 X 的一组样本观测值. 构造直方图的步骤如下：

第一步：求出样本观测值 $x_1,x_2,\ldots,x_n$ 的最大值和最小值 $x_{(n)},x_{(1)}$.

第二步：确定数组与组距. 将包含 $x_{(n)},x_{(1)}$ 的区间 $[a,b]$ 等分为 m 个小区间 $[t_i,t_{i+1})$，$i=1,2,\ldots,m$，其中 a 略小于 $x_{(1)}$，b 略大于 $x_{(n)}$. m 不能太小，也不能太大，一般经验公式是 $m\approx1.87(n-1)^{0.4}$. 每个 $[t_i,t_{i+1})$ 的区间长度 $(b-a)/m$ 为组距.

第三步：计算落入各区间 $[t_i,t_{i+1})$，$i=1,2,\ldots,m$ 的样品个数. 记落入区间 $[t_i,t_{i+1})$ 内的样品个数为 ν_i，称 ν_i 为样本落入第 i 个区间的频数，称 $f_i=\dfrac{v_i}{n}$ 为样本落入区间 $[t_i,t_{i+1})$ 内的频率.

第四步：画图. 在 xoy 平面上，以 x 轴上第 i 个区间 $[t_i,t_{i+1})$ 为底，以 $\dfrac{f_i}{t_{i-1}-t_i}$ 为高画第 i 个长方形，这样一列竖着的长方形构成的图形就叫作直方图. 第 i 个长方形的面积为 f_i，所有长方形的面积之和为 1. 沿直方图边缘的曲线就是连续型总体概率密度函数的近似曲线.

【例 6 - 1 - 1】某轧钢厂生产了一批 $\Phi85mm$ 的钢材，为了研究这批钢材的抗张力，随机抽取了 76 个样品进行抗张力（单位：kg/cm^2）试验，测出数据如下：

41.0	37.0	33.0	44.2	30.5	27.0	45.0	28.5	31.2	33.5	38.5	41.5
42.0	45.5	42.5	39.0	38.8	35.5	32.5	29.6	32.6	34.5	37.5	39.5
42.8	45.1	42.8	45.8	39.8	37.2	33.8	31.2	29.0	35.2	37.8	41.2
43.8	48.1	43.6	41.8	36.6	34.8	31.0	32.0	33.5	37.4	40.8	44.7
40.2	41.3	38.8	34.1	31.8	34.6	38.3	41.3	30.0	35.2	37.5	40.5
38.1	37.3	37.1	41.5	29.5	29.1	27.5	34.8	36.5	44.2	40.0	44.5
40.6	36.2	35.8	31.5								

试通过直方图给出总体 X 密度函数的近似曲线.

解：根据画直方图的步骤，计算结果如表 6 - 1，其图形如图 6 - 1 所示.

表 6 – 1

分区间组	频数 ν_i	频率 f_i	纵坐标值 y_i
$[27, 30)$	8	0. 105	0. 035
$[30, 33)$	10	0. 131	0. 044
$[33, 36)$	12	0. 158	0. 053
$[36, 39)$	17	0. 224	0. 074
$[39, 42)$	14	0. 184	0. 061
$[42, 45)$	11	0. 145	0. 048
$[45, 48)$	4	0. 053	0. 018

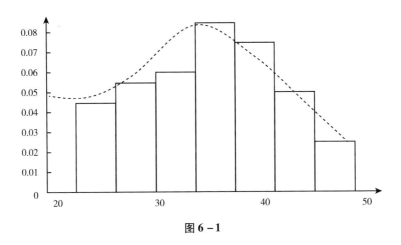

图 6 – 1

2. 经验分布函数

设 $x_1, x_2, \ldots, x_n$ 为总体 X 的样本观测值, 将这些值按由小到大的顺序排序 $x_{(1)} \leqslant x_{(2)} \leqslant \ldots \leqslant x_{(n)}$, 并对任意实数 x, 记

$$F_n(x) = \begin{cases} 0, & x < x_{(1)} \\ \dfrac{k}{n}, & x_{(k)} \leqslant x < x_{(k+1)}, \ -\infty < x < +\infty \\ 1, & x \geqslant x_{(n)} \end{cases}$$

则称 $F_n(x)$ 为总体 X 的经验分布函数.

由经验分布函数的定义知 $F_n(x)$ 是 x 的单调不减函数, 且具有如下性质:

（1）$0 \leqslant F_n(x) \leqslant 1, x \in R.$

（2）$F_n(+\infty) = 1, F_n(-\infty) = 0.$

（3）$F_n(x+0) = F_n(x).$

即 $F_n(x)$ 满足分布函数的三个基本性质，所以 $F_n(x)$ 是分布函数.

值得注意的是，对于样本的不同观测值 $x_1, x_2, \ldots, x_n$，得到的经验分布函数 $F_n(x)$ 不同的. 在试验之前，对应每个固定的 x 值，$F_n(x)$ 是样本 X_1，$X_2, \ldots, X_n$ 的函数，这也就是说 $F_n(x)$ 是一个随机变量. 由伯努利大数定理知道 $F_n(x)$ 依概率收敛于 $F(x)$. 1933 年格里汶科证明了以下的结论：

$$P\{\lim_{n \to \infty} \sup_{x \in R} |F_n(x) - F(x)| = 0\} = 1$$

这就说明了，当 n 充分大时，经验分布函数 $F_n(x)$ 与总体分布函数 $F(x)$ 只有微小的差别，在实际应用中，$F_n(x)$ 可以当作 $F(x)$ 来使用.

第二节　统计量与抽样分布

样本是对总体统计分析和统计推断的依据，在获得了样本以后，就需要对样本进行加工，将存于样本中的有关总体的信息集中起来以反映总体的各种特征. 最常用的加工方法是构造样本的函数，针对不同的问题构造样本的适当函数——统计量，再用统计量进行统计推断.

一、统计量

定义 6 - 1　设 $X_1, X_2, \ldots, X_n$ 为来自总体 X 的样本，称不含任何未知参数的样本的函数 $G(X_1, X_2, \ldots, X_n)$ 为一个统计量. 若 $x_1, x_2, \ldots, x_n$ 为样本的观测值，则称 $G(x_1, x_2, \ldots, x_n)$ 为统计量 $G(X_1, X_2, \ldots, X_n)$ 的观测值.

经验分布函数是样本的函数，且不含未知参数，故经验分布函数是统计量.

设 $X_1, X_2, \ldots, X_n$ 为来自总体 X 的样本，$x_1, x_2, \ldots, x_n$ 是 $X_1, X_2, \ldots, X_n$ 的观测值，则常用的统计量有如下几种：

(1) 样本均值 $\bar{X} = \dfrac{1}{n}\sum\limits_{i=1}^{n}X_i$.

(2) 样本方差 $S^2 = \dfrac{1}{n-1}\sum\limits_{i=1}^{n}(X_i - \bar{X})^2$.

注：常用 $S^2 = \dfrac{1}{n-1}\left(\sum\limits_{i=1}^{n}X_i^2 - n(\bar{X})^2\right)$ 计算样本方差.

(3) 样本标准差 $S = \sqrt{S^2} = \sqrt{\dfrac{1}{n-1}\sum\limits_{i=1}^{n}(X_i - \bar{X})^2}$.

(4) 样本 k 阶原点矩 $A_k = \dfrac{1}{n}\sum\limits_{i=1}^{n}X_i^k; k = 1,2,\dots$.

(5) 样本 k 阶中心矩 $B_k = \dfrac{1}{n}\sum\limits_{i=1}^{n}(X_i - \bar{X})^k; k = 1,2,\dots$.

显然 $\bar{X}$，S^2，A_k，B_k，S 都是统计量，常用对应的小写字母表示其观测值.

【例 6 - 2 - 1】某厂生产的某种铝材的长度服从正态分布 $N(\mu,\sigma^2)$，某日抽取 5 件产品，测得其长度为（单位：cm）239.7，239.6，239，240，239.2，试求样本均值和样本方差的观测值.

解：计算得 $\sum\limits_{i=1}^{n}x_i = 1197.5$，$\sum\limits_{i=1}^{5}x_i^2 = 286801.89$，则：

$$\bar{x} = \frac{1}{n}\sum_{i=1}^{5}x_i = 239.5$$

$$s^2 = \frac{1}{n-1}\left(\sum_{i=1}^{5}x_i^5 - n(\bar{x})^2\right) = \frac{1}{4}(286801.89 - 5 \times 239.5^2) = 0.16$$

统计量的分布称为抽样分布. 在使用统计量进行统计推断时，常需要知道它的分布，但要确定一个统计量的分布是非常困难的. 下面介绍来自正态总体的几个常用的抽样分布.

二、常用的抽样分布

1. χ^2 分布

定义 6 - 2 设 $X_1, X_2, \dots, X_n$ 为 n 个相互独立且都服从标准正态分布 $N(0,1)$ 的随机变量，则称随机变量 $\chi^2 = \sum\limits_{i=1}^{n}X_i^2$ 服从自由度为 n 的卡方分布，记为 $\chi^2 \sim \chi^2(n)$.

χ^2 分布的概率密度函数为 $f(x) = \begin{cases} \dfrac{1}{2^{n/2}\Gamma(n/2)} x^{n/2-1} e^{-x/2}, & x > 0 \\ 0, & x \leqslant 0 \end{cases}$ ，其中

$\Gamma(\alpha) = \displaystyle\int_0^{+\infty} x^{\alpha-1} e^{-x} dx.$

显然，随机变量 χ^2 是一个非负的连续型随机变量. 图 6-2 给出了自由度分别为 1、4、10、20 的卡方分布的概率密度函数曲线，可以看出，随着 n 的增大，χ^2 分布的概率密度函数曲线趋于"平缓"，其图像下区域的重心也逐渐向右移动.

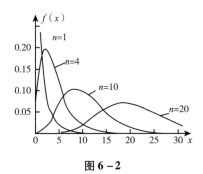

图 6-2

卡方分布具有如下两个重要性质：

（1）设 $\chi^2 \sim \chi^2(n)$，则 $E(\chi^2) = n, D(\chi^2) = 2n.$

（2）（可加性）设 $\chi_1^2 \sim \chi^2(n_1)$，$\chi_2^2 \sim \chi^2(n_2)$，且 χ_1^2 和 χ_2^2 相互独立，则 $\chi_1^2 + \chi_2^2 \sim \chi^2(n_1 + n_2).$

2. t 分布

定义 6-3 设 $X \sim N(0,1)$，$Y \sim \chi^2(n)$ 且 X 和 Y 相互独立，则称随机变量 $T = \dfrac{X}{\sqrt{Y/n}}$ 服从自由度为 n 的 t 分布，记为 $T \sim t(n)$.

T 的概率密度函数为：

$$f(x) = \frac{\Gamma\left(\dfrac{n+1}{2}\right)}{\sqrt{n\pi}\,\Gamma\left(\dfrac{n}{2}\right)} \left(1 + \frac{x^2}{n}\right)^{-\frac{n+1}{2}}, x \in R$$

易见 $f(x)$ 是 x 的偶函数，且有一个参数 n，即 t 分布的自由度. 图 6-3

描绘了 $n = 2, 9, 25$ 时 $t(n)$ 的概率密度曲线，作为比较，还描绘了 $N(0, 1)$ 的密度曲线.

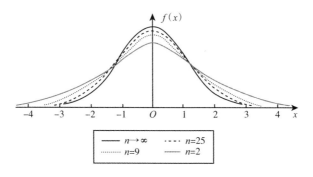

图 6 – 3

从图像可以看出，随着 n 的增大，t 分布的概率密度函数与标准正态分布的概率密度函数越来越接近. 可以证明 当 $n \to \infty$ 时，$f(x) \to \dfrac{1}{\sqrt{2\pi}} e^{-\frac{x^2}{2}}$，$x \in R$. 即当 n 充分大时，T 近似服从标准正态分布. 一般地，$n > 30$ 就可以认为 $t(n)$ 与 $N(0, 1)$ 相差甚微.

3. F 分布

定义 6 – 4　设 $X \sim \chi^2(n_1)$，$Y \sim \chi^2(n_2)$ 且 X 和 Y 相互独立，则称 $F = \dfrac{X/n_1}{Y/n_2}$ 服从自由度为 n_1，n_2 的 F 分布，记为 $F \sim F(n_1, n_2)$，n_1，n_2 分别称为第一、第二自由度.

F 的密度函数为：

$$f(x) = \begin{cases} \dfrac{\Gamma\left(\dfrac{n_1 + n_2}{2}\right)}{\Gamma\left(\dfrac{n_1}{2}\right)\Gamma\left(\dfrac{n_2}{2}\right)}\left(\dfrac{n_1}{n_2}\right)^{\frac{n_1}{2}} x^{\frac{n_1}{2} - 1}\left(1 + \dfrac{n_1 x}{n_2}\right)^{-\frac{n_1 + n_2}{2}}, & x > 0 \\ 0, & x \leqslant 0 \end{cases}$$

注意函数 $f(x)$ 中有两个参数 n_1，n_2，其概率密度的曲线图形如图 6 – 4 所示.

F 分布具有如下性质：

（1）当 $F \sim F(n_1, n_2)$ 时，则 $\dfrac{1}{F} \sim F(n_2, n_1)$.

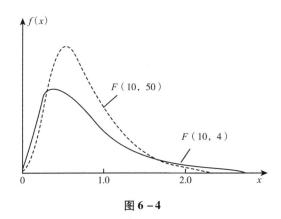

图 6 - 4

（2）当 $T \sim t(n)$ 时，则 $T^2 \sim F(1,n)$.

三、抽样分布定理

对于正态总体，关于样本均值和样本方差以及某些重要统计量的抽样分布具有非常完美的理论结果，下面给出的抽样分布定理对进一步讨论参数估计和假设检验奠定了坚实的基础.

定理 6 - 1 设总体 $X \sim N(\mu,\sigma^2)$，$X_1,X_2,\ldots,X_n$ 为来自 X 的样本，$\overline{X}$，S^2 分别为样本均值和样本方差，则：

（1）$\overline{X} \sim N\left(\mu,\dfrac{\sigma^2}{n}\right)$，或 $\dfrac{\overline{X} - \mu}{\sigma/\sqrt{n}} \sim N(0,1)$.

（2）$\dfrac{(n-1)S^2}{\sigma^2} = \dfrac{1}{\sigma^2}\sum_{i=1}^{n}(X_i - \overline{X})^2 \sim \chi^2(n-1)$.

（3）$\overline{X}$ 与 S^2 相互独立.

证明略.

推论 6 - 1 设 $X_1,X_2,\ldots,X_n$ 为来自总体 $X \sim N(\mu,\sigma^2)$ 的样本，$\overline{X}$，S^2 分别为样本均值和样本方差，则 $\dfrac{\overline{X} - \mu}{S/\sqrt{n}} \sim t(n-1)$.

证：由定理 6 - 1 可以推出

$$\frac{\overline{X} - \mu}{\sigma/\sqrt{n}} \sim N(0,1), \quad \frac{(n-1)S^2}{\sigma^2} = \frac{1}{\sigma^2}\sum_{i=1}^{n}(X_i - \overline{X})^2 \sim \chi^2(n-1)$$

且 $\bar{X}$ 与 S^2 相互独立，从而有

$$\frac{\bar{X}-\mu}{S/\sqrt{n}}=\frac{\dfrac{\bar{X}-\mu}{\sigma/\sqrt{n}}}{\sqrt{\dfrac{(n-1)S^2/\sigma^2}{n-1}}}\sim t(n-1)$$

对于两个正态总体的样本均值和样本方差有以下的定理.

定理 6 - 2　设 $X_1,X_2,\ldots,X_m$ 为来自总体 $X\sim N(\mu_1,\sigma_1{}^2)$ 的样本，$Y_1,Y_2,\ldots,Y_n$ 为来自总体 $Y\sim N(\mu_2,\sigma_2{}^2)$ 的样本，且两样本相互独立.

令 $\bar{X}=\dfrac{1}{m}\sum\limits_{i=1}^{m}X_i$，$\bar{Y}=\dfrac{1}{n}\sum\limits_{j=1}^{n}Y_j$，$S_1^2=\dfrac{1}{m-1}\sum\limits_{i=1}^{m}(X_i-\bar{X})^2$，

$S_2^2=\dfrac{1}{n-1}\sum\limits_{j=1}^{n}(Y_j-\bar{Y})^2$．则：

（1）$F=\dfrac{\sigma_2^2 S_1^2}{\sigma_1^2 S_2^2}\sim F(m-1,n-1)$.

（2）当 $\sigma_1^2=\sigma_2^2=\sigma^2$ 时，

$$T=\frac{\bar{X}-\bar{Y}-(\mu_1-\mu_2)}{\sqrt{(m-1)S_1^2+(n-1)S_2^2}}\sqrt{\frac{mn(m+n-2)}{m+n}}\sim t(m+n-2)$$

证：（1）由两样本相互独立可知，S_1^2 与 S_2^2 相互独立，且

$$\frac{(m-1)S_1^2}{\sigma_1^2}\sim\chi^2(m-1),\ \frac{(n-1)S_2^2}{\sigma_2^2}\sim\chi^2(n-1)$$

由 F 分布的定义知 $F\sim F(m-1,n-1)$.

（2）因为 $\sigma_1^2=\sigma_2^2=\sigma^2$，且 $\bar{X}$ 与 $\bar{Y}$ 相互独立，则 $\bar{X}-\bar{Y}\sim N\Big(\mu_1-\mu_2,\dfrac{\sigma^2}{m}+\dfrac{\sigma^2}{n}\Big)$，其标准化随机变量为

$$U=\frac{\bar{X}-\bar{Y}-(\mu_1-\mu_2)}{\sqrt{\sigma^2\Big(\dfrac{m+n}{mn}\Big)}}\sim N(0,1)$$

又因 $\dfrac{(m-1)S_1^2}{\sigma_1^2}\sim\chi^2(m-1)$，$\dfrac{(n-1)S_2^2}{\sigma_2^2}\sim\chi^2(n-1)$ 且 $\dfrac{(m-1)S_1^2}{\sigma_1^2}$ 与

$\dfrac{(n-1)S_2^2}{\sigma_2^2}$ 独立，由 χ^2 分布的可加性知：

$$V = \frac{(m-1)S_1^2}{\sigma^2} + \frac{(n-1)S_2^2}{\sigma^2} \sim \chi^2(m+n-2)$$

易见 U 与 V 独立，由 t 分布定义知 $\dfrac{U}{\sqrt{V/(m+n-2)}} = T \sim t(m+n-2)$.

四、分位数

分位数又叫分位点或临界值，它在区间估计、假设检验和统计推断中起着重要的作用.

定义 6 - 5 设 X 为随机变量，若对给定的 α，$0 < \alpha < 1$，存在 x_α 满足 $P\{X > x_\alpha\} = \alpha$，则称 x_α 为 X 的上 α 分位数（点）.

若 X 的概率密度函数为 $f(x)$，则分位数 x_α 表示 x_α 右侧阴影部分的面积为 α（见图 6 - 5）.

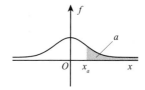

图 6 - 5

在数理统计中，常见的分位数有四个，分别为正态分布分位数、χ^2 分布分位数、t 分布分位数、F 分布分位数，分别记为 $z_\alpha, \chi_\alpha^2, t_\alpha(n), F_\alpha(n_1, n_2)$. 它们具有如下性质：

（1）$X \sim N(0,1)$，其分位数满足 $z_\alpha = -z_{1-\alpha}$. 例如，$z_{0.05} = 1.65$，则 $z_{0.95} = -z_{0.05} = -1.65$.

（2）$X \sim t(n)$，其分位数满足 $t_\alpha(n) = -t_{1-\alpha}(n)$. 当 $n \to \infty$ 时，t 分布趋于标准正态分布，所以当 n 充分大（$n > 45$）时有 $t_\alpha(n) \approx u_\alpha$. 例如，$t_{0.05}(10) = 1.812$，则 $t_{0.95}(10) = -t_{0.05}(10) = -1.812$，$t_{0.05}(50) \approx z_{0.05} = 1.65$.

（3）$X \sim F(n_1, n_2)$，其分位数 $F_\alpha(n_1, n_2)$ 满足 $F_\alpha(n_1, n_2) = \dfrac{1}{F_{1-\alpha}(n_2, n_1)}$.

例如，$F_{0.05}(7,5) = 4.88$，$F_{0.95}(5,7) = \dfrac{1}{F_{0.05}(7,5)} = \dfrac{1}{4.88} = 0.2049$.

本章学习目标自检

1. 了解总体、样本和统计量等数理统计中最基本的概念.

2. 掌握样本均值、样本方差和样本矩等常用统计量的定义及计算.

3. 熟练掌握 χ^2 分布、t 分布、F 分布，会查分布表.

4. 熟练掌握正态总体有关的样本均值、样本方差等抽样分布.

习题六

一、填空题

1. 设 X_1，X_2，X_3，X_4 是来自正态总体 $X \sim N(\mu, 4)$ 的样本，$\chi^2 = a(X_1 - 2X_2)^2 + b(3X_3 - 4X_4)^2$，则当 $a =$ _____，$b =$ _____ 时，$\chi^2 \sim \chi^2$（_____）.

2. 在总体 $N(52, 6.3^2)$ 中随机抽一容量为 36 的样本，则样本均值 $\bar{X}$ 落在 $50.8 \sim 53.8$ 的概率是_____.

3. 设总体 $X \sim N(0,1)$，X_1，X_2，X_3 是样本，则 $X_1^2 + X_2^2 + X_3^2 \sim$ _____，$\dfrac{\sqrt{3}X}{\sqrt{X_1^2 + X_2^2 + X_3^2}} \sim$ _____.

4. 设总体 $X \sim \chi^2(10)$，$Y \sim \chi^2(15)$，且 X 与 Y 相互独立，则 $E(X + Y) =$ _____，$D(X + Y) =$ _____.

二、选择题

1. 设 $X_1, X_2, \ldots, X_n$ 为取自总体 X 的样本，总体方差 $D(X) = \sigma^2$ 已知，$\bar{X}$ 和 S^2 分别为样本均值、样本方差，则下列各式中（　　）为统计量.

A. $\sum_{i=1}^{n}(X_i - E(X))^2$　　　　　B. $(n-1)S^2/\sigma^2$

C. $\bar{X} - E(X_i)$　　　　　D. $n\bar{X}^2 + 1$

2. 设总体 $X \sim N(\mu, \sigma^2)$，其中 μ 已知，σ^2 未知，$X_1, X_2, \ldots, X_n$ 是来自 X 的样本，判断下列样本的函数中，（   ）不是统计量.

    A. $X_1 + X_2 + X_3$ B. $\displaystyle\sum_{i=1}^{n} (X_i - \mu)^2 / S^2$

    C. $\min(X_1, X_2, \ldots, X_n)$ D. $\displaystyle\sum_{i=1}^{n} X_i^2 / \sigma^2$

3. 设 $X_1, X_2, \ldots, X_{16}$ 是来自正态总体 $X \sim N(2, \sigma^2)$ 的样本，$\bar{X}$ 是样本均值，则 $\dfrac{4\bar{X} - 8}{\sigma} \sim$（   ）.

    A. $t(15)$ B. $t(16)$ C. $\chi^2(15)$ D. $N(0,1)$

4. 设随机变量 X 与 Y 都服从标准正态分布，则（   ）.

    A. $X + Y$ 服从正态分布   B. $X^2 + Y^2$ 服从 χ^2 分布

    C. X^2 与 Y^2 均服从 χ^2 分布   D. $\dfrac{X^2}{Y^2}$ 服从 F 分布

5. 设总体 $X \sim N(\mu, \sigma^2)$，$X_1, X_2, \ldots, X_n$ 为 X 的简单随机样本，$\bar{X} = \dfrac{1}{n} \displaystyle\sum_{i=1}^{n} X_i, S_n^2 = \dfrac{1}{n} \displaystyle\sum_{i=1}^{n} (X_i - \bar{X})^2$，则服从 $\chi^2(n-1)$ 分布的是（   ）.

    A. $\dfrac{\bar{X} - \mu}{\sigma / \sqrt{n}}$ B. $\dfrac{\bar{X} - \mu}{S_n / \sqrt{n-1}}$

    C. $\dfrac{nS_n^2}{\sigma^2}$ D. $\dfrac{1}{\sigma^2} \displaystyle\sum_{i=1}^{n} (X_i - \mu)^2$

6. 设总体 $X \sim N(0,1)$，$X_1, X_2, \ldots, X_n$ 是 X 的样本，$\bar{X}$，S^2 是样本均值和样本方差，则下列式子中正确的是（   ）.

    A. $n\bar{X} \sim N(0,1)$ B. $\bar{X} \sim N(0,1)$

    C. $\displaystyle\sum_{i=1}^{n} X_i^2 \sim \chi^2(n)$ D. $\bar{X}/S \sim t(n-1)$

7. 设 $X_1, X_2, \ldots, X_n$ 是正态总体 $X \sim N(\mu, \sigma^2)$ 的样本，记

$$S_1^2 = \frac{1}{n-1} \sum_{i=1}^{n} (X_i - \bar{X})^2, \quad S_2^2 = \frac{1}{n} \sum_{i=1}^{n} (X_i - \bar{X})^2,$$

$$S_3^2 = \frac{1}{n-1} \sum_{i=1}^{n} (X_i - \mu)^2, \quad S_4^2 = \frac{1}{n} \sum_{i=1}^{n} (X_i - \mu)^2$$

则服从自由度为 $n-1$ 的 t 分布的随机变量是（   ）.

A. $\dfrac{\overline{X}-\mu}{S_1/\sqrt{n-1}}$ 　　　　　B. $\dfrac{\overline{X}-\mu}{S_2/\sqrt{n-1}}$

C. $\dfrac{\overline{X}-\mu}{S_3/\sqrt{n}}$ 　　　　　D. $\dfrac{\overline{X}-\mu}{S_4/\sqrt{n}}$

三、计算题

1. 设总体 $X \sim N(\mu,\sigma^2)$，样本观测值为 3.27，3.24，3.25，3.26，3.37，假设 $\mu = 3.25$，$\sigma^2 = 0.016^2$．试计算下列统计量的值：$U = \dfrac{\overline{X}-\mu}{\sigma/\sqrt{n}}$；

$\chi_1^2 = \dfrac{1}{\sigma^2}\sum\limits_{i=1}^{5}(X_i-\overline{X})^2$；$\chi_2^2 = \dfrac{1}{\sigma^2}\sum\limits_{i=1}^{5}(X_i-\mu)^2$．

2. 设某工厂生产的灯泡的使用寿命 $X \sim N(1000,\sigma^2)$（单位：小时），抽取一容量为 9 的样本，其均方差 $S = 100$．求 $P(\overline{X}<940)$．

3. 某校学生的数学考试成绩服从正态分布 $N(\mu,\sigma^2)$．教委评审组从该校学生中随机抽取 50 人进行数学测试，问本题中总体、样本及其分布各是什么？

4. 在均值为 80、方差为 400 的总体中，随机地抽取一容量为 100 的样本，$\overline{X}$ 表示样本均值，求概率 $P\{|\overline{X}-80|>3\}$ 的值．

5. 设总体 $X \sim N(0,4)$，X_1，X_2，…，X_{10}是 X 的样本，求：$P\{\sum\limits_{i=1}^{10}X_i^2 \leq 13\}$；

$P\{13.3 \leq \sum\limits_{i=1}^{10}(X_i-\overline{X})^2 \leq 76\}$．

第七章　参数估计

一、某险种投保平均年龄的估算与营销策略

某保险公司需要分析上市不久的某种寿险的销售情况，从已经投保的1000人中随机地抽取了36人，其年龄数据如下：

23	36	42	34	39	34
35	42	53	28	49	39
39	46	45	38	39	45
27	23	54	36	34	48
36	31	47	44	48	45
44	33	24	40	50	32

问题 1：该险种的平均投保年龄大概是多少？

问题 2：该险种适合在哪个年龄段内进行推广？

二、鱼的数量估算

鱼类养殖户为了更科学地养鱼，投入鱼苗一段时间后需要重新估算鱼池中鱼的数量．一个星期前从池中捞出1000条鱼标上记号后又放回池

中，今从池中捞出 150 条鱼发现 10 条鱼有记号，试估计现在池中有多少条鱼？

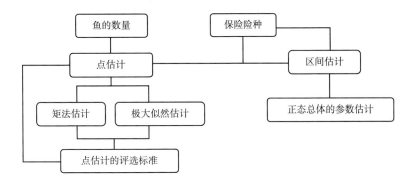

从本章开始讨论数理统计中的统计推断问题，统计推断就是依据样本提供的信息推断总体分布或总体的某些数字特征. 统计推断主要分为参数估计与假设检验两大类.

本章主要介绍参数估计的内容，如果总体分布的形式已知，其中一个或多个参数未知，利用总体的样本来估计未知参数就是参数估计要解决的问题. 本章介绍参数估计的点估计与区间估计.

第一节　点　估　计

设总体 X 的分布函数为 $F(x, \theta)$，其中 θ 为未知参数，由样本 $X_1, \ldots, X_n$ 构造一个统计量 $\hat{\theta}(X_1, \ldots, X_n)$ 去估计参数 θ，若样本的观测值为 $x_1, \ldots, x_n$，$\hat{\theta}(x_1, \ldots, x_n)$ 为参数 θ 的估计值，这种用一个数去估计参数的方法就称为点估计，$\hat{\theta}(X_1, \ldots, X_n)$ 称为参数 θ 的估计量. 点估计的方法很多，本节主要介绍矩法估计和极大似然估计.

一、矩法估计

矩法估计的基本思想为替换原理，也就是用样本矩去替换相应的总体矩，这里的矩可以是原点矩，也可以是中心矩，还可以是矩的函数。该方法由统计学家皮尔逊（K. Pearson）于 1900 年提出，这种通过样本矩估计总体矩的方法就称为矩法估计．

设总体 X 的分布函数为 $F(x, \theta_1, \ldots, \theta_k)$，$\theta_1, \ldots, \theta_k$ 为待估参数，总体的 m 阶原点矩 $E(X^m)$ 存在，则 $E(X^m)$ 是参数 $\theta_1, \ldots, \theta_k$ 的函数，设 $E(X^m) = \mu_m(\theta_1, \ldots, \theta_k)$．若 $X_1, \ldots, X_n$ 为取自总体 X 的样本，$x_1, \ldots, x_n$ 为样本的一组观测值，样本的 m 阶原点矩为 $A_m = \dfrac{1}{n}\sum_{i=1}^{n} X_i^m$，以样本矩 A_m 代替总体矩 $E(X^m)$，可得关于 $\theta_1, \ldots, \theta_k$ 的方程组

$$\mu_m(\theta_1, \ldots, \theta_k) = \frac{1}{n}\sum_{i=1}^{n} X_i^m, m = 1, 2, \ldots, k$$

由方程组解出的 $\theta_1, \ldots, \theta_k$ 为待估参数的矩估计量，记为 $\hat{\theta}_m(X_1, \ldots, X_n)$，其观测值 $\hat{\theta}_m(x_1, \ldots, x_n)$ 为待估参数的矩估计值。

在矩估计时，可以采用原点矩，也可以采用中心矩进行替换，而且矩的阶数有多种选择，所以矩估计量不唯一，为了计算方便，一般采用低阶矩给出待估参数的估计量．

【例 7-1-1】在二项分布 $b(n, p)$ 的总体中，n 是已知的，求 p 的估计量．

解：因 $E(X) = np$，由矩法估计用样本一阶原点矩（样本均值）代替总体的一阶原点矩（总体均值），就有 $\overline{X} = n\hat{p}$，解得 p 矩估计量为 $\hat{p} = \dfrac{\overline{X}}{n}$．

【例 7-1-2】设总体 X 的均值 μ 及方差 σ^2 都存在，且有 $\sigma^2 > 0$．但 μ，σ^2 均未知．又设 $X_1, X_2, \ldots, X_n$ 是来自 X 的样本．试求 μ，σ^2 的矩估计量．

解：由总体 X 的均值 μ 及方差 σ^2 可得：

$$E(X) = \mu$$
$$E(X^2) = D(X) + (E(X))^2 = \sigma^2 + \mu^2$$

由矩估计可得：

$$
\begin{cases}
EX = \dfrac{1}{n}\sum_{i=1}^{n} X_i \\[3mm]
E(X^2) = \dfrac{1}{n}\sum_{i=1}^{n}(X_i^2)
\end{cases}
，即
\begin{cases}
\hat{\mu} = \dfrac{1}{n}\sum_{i=1}^{n} X_i \\[3mm]
\hat{\sigma}^2 + \hat{\mu}^2 = \dfrac{1}{n}\sum_{i=1}^{n}(X_i^2)
\end{cases}
$$

解得 μ 和 σ^2 的矩估计量分别为：

$$
\hat{\mu} = \bar{X}
$$

$$
\hat{\sigma}^2 = \frac{1}{n}\sum_{i=1}^{n} X_i^2 - \bar{X}^2 = \frac{1}{n}\sum_{i=1}^{n}(X_i - \bar{X})^2
$$

所得结果表明，不管总体服从什么分布，总体均值与方差的矩估计量表达式不变.

由矩法估计可以估算鱼池中鱼的数量.

【例 7 - 1 - 3】鱼类养殖户为了更科学地养鱼，投入鱼苗一段时间后需要重新估算鱼池中鱼的数量. 一个星期前从池中捞出 1000 条鱼标上记号后又放回池中，今从池中捞出 150 条鱼发现 10 条鱼有记号，试估计现在池中有多少条鱼？

解：用 N 表示鱼池中鱼的数量，每条鱼有记号的个数为 X，则 X 服从 $b(1,p)$. 由捞起 1000 条鱼标上记号后又放回池中知 $p = \dfrac{1000}{N}$，所以 $E(X) = \dfrac{1000}{N}$.

由矩法估计可得 $EX = \dfrac{1}{n}\sum_{i=1}^{n} X_i$，即 $\dfrac{1000}{\hat{N}} = \dfrac{10}{150}$，所以 $\hat{N} = 15000$，即鱼池中大约有 15000 条鱼.

练习 1：本章开始时提出的保险问题中的平均投保年龄是多少？

二、极大似然估计

极大似然估计是高斯在 1821 年提出的，但直到 1922 年费希尔（R. A. Fisher）再次提出这种想法并证明了它的一些性质后，才使最大似然法得到广泛的应用.

为了介绍极大似然估计的思想，先来看一个例题.

【例 7 - 1 - 4】设有一大批产品，其废品率为 $p(0 < p < 1)$. 今从中随意地取出 100 个，其中有 10 个废品，试估计 p 的数值.

解：若正品用"0"表示，废品用"1"表示. 任一产品是废品的个数为 X，则总体 X 的分布为：

$$P\{X = 1\} = p, P\{X = 0\} = 1 - p$$

即：

$$P\{X = x\} = p^x (1 - p)^{1-x}, x = 0, 1$$

设 $X_1, \ldots, X_n$ 为总体 X 的样本，则出现 $x_1, \ldots, x_n$ 样本值的概率为：

$$\begin{aligned} P\{X_1 &= x_1, X_2 = x_2, \ldots, X_n = x_n\} \\ &= P\{X_1 = x_1\}P\{X_2 = x_2\}\ldots P\{X_n = x_n\} \\ &= p^{x_1}(1 - p)^{1-x_1}p^{x_2}(1 - p)^{1-x_2}\ldots p^{x_n}(1 - p)^{1-x_n} \\ &= p^{\sum\limits_{i=1}^{n} x_i}(1 - p)^{n - \sum\limits_{i=1}^{n} x_i} \end{aligned}$$

若 $n = 100$，观测值中有 10 个是"1"，90 个是"0"，该组观测值的概率为 $p^{10}(1 - p)^{90}$，记为 $L(p)$，即 $L(p) = p^{10}(1 - p)^{90}$. 一次试验中出现 10 个"1"，90 个"0"有理由认为 p 的取值会使出现该结果的概率达到最大，即可选择使 $L(p)$ 达到最大的 p 值作为废品率的估计值. 用高等数学中求极值的方法，有：

$$\begin{aligned} L'(p) &= 10p^9(1 - p)^{90} - 90p^{10}(1 - p)^{89} \\ &= p^9(1 - p)^{89}(10(1 - p) - 90p) \end{aligned}$$

令 $L'(p) = 0$ 解得 $\hat{p} = \dfrac{10}{100}$.

这种估计参数的方法称为极大似然估计法，也称为极大或然估计法，或者最大似然估计法. 显然，如果在此例中取一个容量为 n 的样本，其中有 m 个废品，用最大似然估计法可得 $\hat{p} = \dfrac{m}{n}$.

[例 7 - 1 - 4] 的方法可以推广到一般的离散型或连续型总体，极大似

然估计一般来说有两个步骤：第一步写出极大似然函数，第二步求极大似然函数的最大值点.

若总体 X 为离散型，其分布律为 $P\{X = x_i\}$, $i = 1, 2, \ldots$, 或 $P\{X = x\} = P(x; \theta_1, \ldots, \theta_k)$, $x = x_1, x_2, \ldots$, 其中 $\theta_1, \ldots, \theta_k$ 是未知参数. 设 $X_1, \ldots, X_n$ 为总体 X 的样本，$x_1, \ldots, x_n$ 为样本的观测值，那么出现此样本值的概率为：

$$
\begin{aligned}
L(x_1, \ldots, x_n; \theta_1, \ldots, \theta_k) &= P\{X_1 = x_i, X_2 = x_2, \ldots, X_n = x_n\} \\
&= P\{X_1 = x_1\}P\{X_2 = x_2\}\ldots P\{X_n = x_n\} \\
&= \prod_{i=1}^{n} P(x_i)
\end{aligned}
$$

若总体 X 为连续型，其概率密度为 $f(x; \theta_1, \ldots, \theta_k)$，其中 $\theta_1, \ldots, \theta_k$ 是未知参数，设 $X_1, \ldots, X_n$ 为总体 X 的样本，则 $X_1, \ldots, X_n$ 的联合概率密度为 $\prod_{i=1}^{n} f(x_i; \theta_1, \ldots, \theta_k)$，设 $x_1, \ldots, x_n$ 为样本的观测值. $X_1, \ldots, X_n$ 落在 $x_1, \ldots, x_n$ 邻域内的概率近似为 $L(x_1, \ldots, x_n; \theta_1, \ldots, \theta_k) = \prod_{i=1}^{n} f(x_i; \theta_1, \ldots, \theta_k)$.

函数 $L(x_1, \ldots, x_n; \theta_1, \ldots, \theta_k)$ 随 $\theta_1, \ldots, \theta_k$ 的取值而变化，称 $L(x_1, \ldots, x_n; \theta_1, \ldots, \theta_k)$ 为极大似然函数，选择 $\theta_1, \ldots, \theta_k$ 使 $L(x_1, \ldots, x_n; \theta_1, \ldots, \theta_k)$ 达到最大的参数值 $\hat{\theta}_1, \ldots, \hat{\theta}_k$，即

$$
L(x_1, \ldots, x_n; \hat{\theta}_1, \ldots, \hat{\theta}_k) = \sup_{\theta_i \in \Theta} L(x_1, \ldots, x_n; \theta_1, \ldots, \theta_k)
$$

这样获得的 $\hat{\theta}_1, \ldots, \hat{\theta}_k$ 值与样本值 $x_1, \ldots, x_n$ 有关，记为 $\hat{\theta}_i(x_1, \ldots, x_n)$, $i = 1, 2, \ldots, k$，称为 $\theta_i, i = 1, 2, \ldots, k$ 的极大似然估计值，相应的统计量 $\hat{\theta}_i(X_1, \ldots, X_n), i = 1, 2, \ldots, k$ 称为 $\theta_i, i = 1, 2, \ldots, k$ 的极大似然估计量.

如果 L 对 $\theta_1, \ldots, \theta_k$ 的偏导数存在，可以采用高等数学中求极值点的方法计算估计值，只要从似然方程组

$$
\frac{\partial L}{\partial \theta_i} = 0, i = 1, 2, \ldots, k
$$

或对数似然方程组

$$
\frac{\partial \ln L}{\partial \theta_i} = 0, i = 1, 2, \ldots, k
$$

解出 $\theta_i = \theta_i(x_1,\dots,x_n)$，并将 θ_i 换成 $\hat{\theta}_i$ 即可.

对数似然方程组可以求解 $\ln L$ 函数的极值点，因为 L 与 $\ln L$ 在同一点取得极值，可用 $\ln L$ 取得最大值求解参数的极大似然估计量，极大似然估计值是否存在需要进一步验证.

【例 7 - 1 - 5】设 $X_1, X_2,\dots,X_n$ 为来自正态总体 $N(\mu_0,\sigma^2)$ 的简单随机样本，其中 μ_0 已知，$\sigma^2 > 0$ 未知，$\bar{X}$ 和 S^2 分别表示样本均值和样本方差，求参数 σ^2 的最大似然估计 $\hat{\sigma}^2$.

解：设 $x_1, x_2,\dots,x_n$ 是样本 $X_1, X_2,\dots,X_n$ 的一组样本值. 似然函数

$$L(x_1,x_2,\dots,x_n,\sigma^2) = \prod_{i=1}^{n} \frac{1}{\sqrt{2\pi}\sigma}\exp\left(-\frac{(x_i-\mu_0)^2}{2\sigma^2}\right)$$
$$= \frac{1}{(2\pi)^{\frac{n}{2}}\sigma^n}\exp\left(\sum_{i=1}^{n} -\frac{(x_i-\mu_0)^2}{2\sigma^2}\right)$$

则：$\ln L = -\frac{n}{2}\ln(2\pi) - n\ln\sigma - \sum_{i=1}^{n}\frac{(x_i-\mu_0)^2}{2\sigma^2}$
$$= -\frac{n}{2}\ln(2\pi) - \frac{n}{2}\ln\sigma^2 - \frac{1}{\sigma^2}\sum_{i=1}^{n}\frac{(x_i-\mu_0)^2}{2}$$

$$\frac{\mathrm{d}(\ln L)}{\mathrm{d}\sigma^2} = -\frac{n}{2\sigma^2} + \frac{1}{(\sigma^2)^2}\sum_{i=1}^{n}\frac{(x_i-\mu_0)^2}{2}$$

令 $\frac{\mathrm{d}(\ln L)}{\mathrm{d}\sigma^2} = 0$，可得 σ^2 的极大似然估计值 $\hat{\sigma}^2 = \frac{1}{n}\sum_{i=1}^{n}(x_i-\mu_0)^2$，极大似然估计量 $\hat{\sigma}^2 = \frac{1}{n}\sum_{i=1}^{n}(X_i-\mu_0)^2$.

请读者自己证明 [例 7 - 1 - 5] 中若 μ_0 未知，参数 μ_0 和 σ^2 极大似然估计量分别为 $\bar{X}$ 和 $\frac{1}{n}\sum_{i=1}^{n}(X_i-\bar{X})^2$.

练习 2：设总体 X 的概率分布如表 7 - 1 所示，其中 θ $(0 < \theta < \frac{1}{2})$ 是未知参数. 利用总体 X 的样本值 3,1,3,0,3,1,2,3，求 θ 的矩估计值和极大似然估计值. [参考答案：$\frac{1}{4}$，$\frac{1}{12}(7-\sqrt{13})$]

表 7 − 1

X	0	1	2	3
P	θ^2	$2\theta(1-\theta)$	θ^2	$1-2\theta$

第 二 节 　 估 计 量 的 评 选 标 准

从上一节的练习 2 我们可以看到，同一个参数用不同的估计方法得到的估计值可能是不同的，对估计值的选择就需要讨论用什么样的标准来评价估计量，下面介绍三个常用的标准.

一、无偏性

当采用 $\hat{\theta}$ 估计 θ 时，由于样本的随机性，$\hat{\theta}$ 与 θ 一般会有偏差，希望 $\hat{\theta}$ 的取值在 θ 的附近波动，多次观测中 $\hat{\theta}$ 的平均取值 $E(\hat{\theta})$ 应该与 θ 吻合，这就是对估计量无偏性的要求.

定义 7 − 1 设 $\hat{\theta} = \hat{\theta}(X_1, \ldots, X_n)$ 是 θ 的一个估计量，若 $E(\hat{\theta}) = \theta$，称 $\hat{\theta}$ 是 θ 的无偏估计，否则称 $\hat{\theta}$ 是 θ 的有偏估计.

无偏性的要求可以改写为 $E(\hat{\theta} - \theta) = 0$，这表示无偏估计没有系统偏差. 如果估计量不具有无偏性，无论观测多少次，其平均值也会与参数真值有一定的距离，这个距离就是系统误差.

【例 7 − 2 − 1】 若总体 X 的数学期望 $E(X) = \mu$，方差 $D(X) = \sigma^2$ 都存在，且 σ^2 未知，当期望 μ 已知时，$S_1^2 = \dfrac{1}{n} \sum_{i=1}^{n} (X_i - \mu)^2$ 是 σ^2 的无偏估计量.

证：因为 $ES_1^2 = \dfrac{1}{n} \sum_{i=1}^{n} E(X_i - \mu)^2 = \dfrac{1}{n} \sum_{i=1}^{n} DX_i = \sigma^2$，

所以 $S_1^2 = \dfrac{1}{n} \sum_{i=1}^{n} (X_i - \mu)^2$ 是 σ^2 的无偏估计量.

样本方差 $S^2 = \dfrac{1}{n-1} \sum_{i=1}^{n} (X_i - \bar{X})^2$ 的期望也为 σ^2，所以 S^2 也是 σ^2 的无偏估计量.

一般而言，假设 $\hat{\theta}$ 是 θ 的无偏估计，若 $g(\theta)$ 是 θ 的线性函数，则 $g(\hat{\theta})$ 仍然是 $g(\theta)$ 的无偏估计．

二、有效性

参数的无偏估计一般来说不唯一，无偏估计量围绕参数真值的波动越小越好，波动的大小可以用方差来衡量，因此常用无偏估计方差的大小作为度量无偏估计优劣的标准，这就是有效性．

定义 7–2　设 $\hat{\theta}_1,\hat{\theta}_2$ 是 θ 的两个无偏估计，如果 $D(\hat{\theta}_1) \leqslant D(\hat{\theta}_2)$，则称 $\hat{\theta}_1$ 比 $\hat{\theta}_2$ 有效．

【例 7–2–2】设 $X_1,\ldots,X_n$ 是取自某总体的样本，记总体均值为 μ，总体方差为 σ^2，则 $\hat{\mu}_1 = X_1,\hat{\mu}_2 = \bar{X}$ 都是 μ 的无偏估计，但

$$D(\hat{\mu}_1) = \sigma^2, D(\hat{\mu}_2) = \frac{\sigma^2}{n}$$

显然，只要 $n > 1$，$\hat{\mu}_2$ 就比 $\hat{\mu}_1$ 有效．这表明，用全部数据的平均来估计总体均值要比使用部分数据更为有效．

三、相合性

无偏性和有效性都没有考虑样本容量对参数真值的影响，当样本容量增加时，样本所含总体信息增加，自然希望估计量与参数真值之间可以任意接近，这就是相合性．

定义 7–3　设 $\hat{\theta}_n = \hat{\theta}_n(X_1,\ldots,X_n)$ 是 θ 的一个估计量，n 是样本容量，若对任意 $\varepsilon > 0$，有

$$\lim_{n \to +\infty} P(|\hat{\theta}_n - \theta| > \varepsilon) = 0 \text{ 或 } \lim_{n \to +\infty} P(|\hat{\theta}_n - \theta| < \varepsilon) = 1$$

则称 $\hat{\theta}_n$ 为参数 θ 的相合估计（量）或一致估计（量）．

定理 7–1　设 $\hat{\theta}_n = \hat{\theta}(X_1,X_2,\ldots,X_n)$ 是未知参数 θ 的一个估计量，如果 $\lim_{n \to \infty} E(\hat{\theta}_n) = \theta$，$\lim_{n \to \infty} D(\hat{\theta}_n) = 0$，则 $\hat{\theta}_n$ 是 θ 的相合估计量．

【例 7–2–3】设总体 $X \sim N(\mu,\sigma^2)$，σ^2 是未知参数，则

$$B_2 = \frac{1}{n}\sum_{i=1}^{n}(X_i - \bar{X})^2$$

是 σ^2 的相合估计量．

证：因为 $EB_2 = \frac{n-1}{n}\sigma^2, DB_2 = \frac{2(n-1)}{n^2}\sigma^4$，所以 $\lim\limits_{n\to\infty}EB_2 = \sigma^2, \lim\limits_{n\to\infty}DB_2 = 0$，故 B_2 是 σ^2 的相合统计量．

相合性被认为是估计量最基本的要求，随着样本容量的不断增大，估计量可以将待估参数估计到任意指定的精度．通常，不满足相合性要求的估计一般不予考虑．证明估计的相合性一般可应用大数定律或直接由定义来证．若把依赖于样本量 n 的估计量 $\hat{\theta}_n$ 看作一个随机变量序列，相合性就是 $\hat{\theta}_n$ 依概率收敛于 θ，所以证明估计的相合性可应用依概率收敛的性质及各种大数定律．

无偏性、有效性、相合性是估计量的基本标准，这并不是说估计量只需要考虑这几个标准．

第三节　区间估计

参数的点估计是用一个估计量的观测值来估计未知参数的真值，实际上这个估计值就是未知参数真值的一个近似值，实际问题中常常需要讨论近似值与真值之间的误差，也就是近似值的精确程度（真值所在的范围）．真值所在的范围通常以区间的形式给出，构造该区间必须考虑区间包含参数真值的可信程度（置信度），这种构造参数真值所在区间的估计方法就是区间估计，所构造的区间就是置信区间．

一、置信区间

定义 7-4　设总体 X 的分布函数为 $F(x,\theta)$，θ 为未知参数，$X_1,\dots,X_n$ 是总体 X 的一个样本，对于给定 $\alpha(0<\alpha<1)$，如果存在两个统计量 $T_1 = T_1(X_1,\dots,X_n)$ 和 $T_2 = T_2(X_1,\dots,X_n)$ 满足 $P\{T_1<\theta<T_2\}=1-\alpha$，则称随机区间 (T_1,T_2) 为未知参数 θ 的置信度为 $1-\alpha$ 的置信区间，T_1 和 T_2 分别

称为置信下限和置信上限，$1-\alpha$ 称为置信度（置信水平）．

置信区间 (T_1, T_2) 的长度刻画了估计的精度，区间长度 T_2-T_1 越小，精确度越高．置信水平 $1-\alpha$ 描述了估计的可靠性，置信水平越大，估计的可靠性越高．在实际应用中，研究人员希望既能得到较高的精度，也能有较高的可靠性，但当样本容量 n 一定时，精确度和置信度不可能同时达到最理想的状态．通常采用在一定的置信水平下，尽可能地提高精确度，即先根据实际问题给定 α 的值（α 常取 0.1，0.05，0.01），再确定置信下限 T_1 和置信上限 T_2．

二、枢轴量法

构造未知参数 θ 置信区间最常用的方法是枢轴量法，其步骤可以概括为以下三步：

（1）构造一个样本和 θ 的函数 $G = G(X_1, \ldots, X_n, \theta)$，$G$ 的分布已知且不依赖于未知参数，称具有这种性质的 G 为枢轴量．

（2）对给定的 $\alpha(0 < \alpha < 1)$，选择两个常数 c，d，使

$$P(c < G < d) = 1-\alpha$$

（3）将不等式 $c < G < d$ 恒等转化为 $\hat{\theta}_L < \theta < \hat{\theta}_U$，有

$$P(\hat{\theta}_L < \theta < \hat{\theta}_U) = 1-\alpha$$

则 $(\hat{\theta}_L, \hat{\theta}_U)$ 是 θ 置信度为 $1-\alpha$ 的置信区间．

上述构造置信区间的关键在于构造枢轴量 G，故把这种方法称为枢轴量法．枢轴量的寻找一般从 θ 的点估计出发，满足步骤（2）的 c，d 通常有很多个，在置信度一定的条件下，可以选择使估计精度较高的区间作为置信区间，即尽可能使平均长度 $E_\theta(\hat{\theta}_U - \hat{\theta}_L)$ 变短．

在实际应用中很难找到使 $E_\theta(\hat{\theta}_U - \hat{\theta}_L)$ 达到最短的 c, d，故常选择 c 和 d，使得

$$P(G < c) = P(G > d) = \frac{\alpha}{2}$$

这样的置信区间称为等尾置信区间．

【例 7 - 3 - 1】 设 $X_1,...,X_n$ 是正态总体 $X \sim N(\mu,\sigma^2)$ 的样本，σ^2 已知，试求 μ 的置信度为 $1-\alpha$ 的置信区间.

解：已知 $\overline{X}$ 是 μ 的无偏估计，且 $\dfrac{\overline{X}-\mu}{\sigma/\sqrt{n}} \sim N(0,1)$. $\dfrac{\overline{X}-\mu}{\sigma/\sqrt{n}}$ 的分布不依赖于任何未知的参数，以函数 $\dfrac{\overline{X}-\mu}{\sigma/\sqrt{n}}$ 作为枢轴量. 按照标准正态分布的上 α 分位数的定义，有 $P\left\{\left|\dfrac{\overline{X}-\mu}{\sigma/\sqrt{n}}\right| < z_{\frac{\alpha}{2}}\right\} = 1-\alpha$，即

$$P\left(\overline{X} - z_{\frac{\alpha}{2}}\frac{\sigma}{\sqrt{n}} < \mu < \overline{X} + z_{\frac{\alpha}{2}}\frac{\sigma}{\sqrt{n}}\right) = 1-\alpha$$

所以 μ 的置信度为 $1-\alpha$ 的一个置信区间为 $\left(\overline{X} - z_{\frac{\alpha}{2}}\dfrac{\sigma}{\sqrt{n}}, \overline{X} + z_{\frac{\alpha}{2}}\dfrac{\sigma}{\sqrt{n}}\right)$.

如果取 $1-\alpha = 0.95$，$\sigma^2 = 1$，$n = 16$，由 $N(0,1)$ 分布表得 $z_{0.025} = 1.96$，可得 μ 的置信度为 0.95 的一个置信区间 $(\overline{X} - 0.49, \overline{X} + 0.49)$，若样本均值 $\overline{x} = 5.2$，置信区间为 $(4.71, 5.69)$. 意思是指，反复抽样中，得到 $(\overline{X} - 0.49, \overline{X} + 0.49)$ 的多个区间中包含 μ 的占 95%，不含 μ 的区间占 5%. 区间 $(4.71, 5.69)$ 包含 μ 真值的可信程度为 95%.

第四节 正态总体均值与方差的区间估计

一、单个正态总体参数的区间估计

设总体 $X \sim N(\mu,\sigma^2)$，$X_1,X_2,...,X_n$ 是总体的样本，$\overline{X}$ 和 S^2 分别是样本均值和样本方差. 下面讨论参数 μ 和 σ^2 置信度 $1-\alpha$ 的置信区间.

1. 参数 μ 的置信区间

（1）当 σ^2 已知时.

由矩法估计得到 μ 的无偏估计为 $\overline{X}$，其分布为 $N\left(\mu, \dfrac{\sigma^2}{n}\right)$，因此 $Z = \dfrac{\overline{X}-\mu}{\sigma/\sqrt{n}}$ 服从 $N(0,1)$，可选 Z 为枢轴量. 设常数 c, d，

使 $P(c<Z<d)=\Phi(d)-\Phi(c)=1-\alpha$，经恒等变形后可得

$$P\left(\bar{X}-d\frac{\sigma}{\sqrt{n}}<\mu<\bar{X}-c\frac{\sigma}{\sqrt{n}}\right)=1-\alpha$$

故参数 μ 置信度 $1-\alpha$ 的置信区间为 $\left(\bar{X}-d\frac{\sigma}{\sqrt{n}},\ \bar{X}-c\frac{\sigma}{\sqrt{n}}\right)$.

该区间长度为 $(d-c)\dfrac{\sigma}{\sqrt{n}}$，由于标准正态分布为单峰对称的，从图 7-1 上不难看出在 $\Phi(d)-\Phi(c)=1-\alpha$ 的条件下，$d=-c=z_{\frac{\alpha}{2}}$ 时，$d-c$ 达到最小，由此得到 μ 的 $1-\alpha$ 等尾置信区间

$$\left(\bar{X}-z_{\frac{\alpha}{2}}\frac{\sigma}{\sqrt{n}},\bar{X}+z_{\frac{\alpha}{2}}\frac{\sigma}{\sqrt{n}}\right) \qquad (7-1)$$

这是一个以 $\bar{X}$ 为中心，半径为 $z_{\frac{\alpha}{2}}\dfrac{\sigma}{\sqrt{n}}$ 的对称区间，常表示为 $\bar{X}\pm z_{\frac{\alpha}{2}}\dfrac{\sigma}{\sqrt{n}}$.

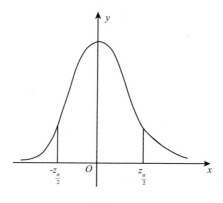

图 7-1

【例 7-4-1】用天平称量某物体的质量（单位：克）9 次，得平均值为 $\bar{x}=15.4$，已知天平称量结果为正态分布，其标准差为 0.1，试求该物体质量置信度为 0.95 的置信区间.

解：$1-\alpha=0.95$，$\alpha=0.05$，由 $N(0,1)$ 分布表知 $z_{0.025}=1.96$，于是该物体质量 μ 置信度为 0.95 的置信区间为：

$$\bar{X}\pm z_{\frac{\alpha}{2}}\frac{\sigma}{\sqrt{n}}=15.4\pm1.96\times\frac{0.1}{\sqrt{9}}=15.4\pm0.0653$$

即该物体质量置信度为 0.95 的置信区间为（15.3347，15.4653）.

（2）当 σ^2 未知时.

因 σ^2 未知，采用 σ^2 的无偏估计量样本方差 S^2 代替总体方差 σ^2，以服从 $t(n-1)$ 的 $T = \dfrac{\sqrt{n}(\bar{X}-\mu)}{S}$ 作为枢轴量，可得 μ 的置信度为 $1-\alpha$ 的置信区间为

$$\left(\bar{X} - t_{\frac{\alpha}{2}}(n-1)\frac{S}{\sqrt{n}}, \bar{X} + t_{\frac{\alpha}{2}}(n-1)\frac{S}{\sqrt{n}} \right) \qquad (7-2)$$

【例 7-4-2】假设轮胎的寿命服从正态分布，为估计某种轮胎的平均寿命，现随机地抽取 12 只轮胎试用，测得它们的寿命（单位：万公里）如下：

| 4.68 | 4.85 | 4.32 | 4.85 | 4.61 | 5.02 |
| 5.20 | 4.60 | 4.58 | 4.72 | 4.38 | 4.70 |

试求平均寿命置信度为 0.95 的置信区间.

解：因正态总体的标准差未知，选用 t 分布求均值的置信区间. 由样本值可得 $\bar{x}=4.709$，$s^2=0.0615$. 因 $\alpha=0.05$，由 t 分布表（见本书附表 3）知 $t_{0.025}(11)=2.2010$，于是平均寿命置信度为 0.95 的置信区间为（单位：万公里）：

$$4.7902 \pm 2.2010 \times \frac{\sqrt{0.0615}}{\sqrt{12}} = (4.5516, 4.8668)$$

在实际问题中，由于轮胎的寿命越长越好，因此可以只求平均寿命置信区间的下限，也就是构造单边的置信下限. 由于

$$P\left(\frac{\sqrt{n}(\bar{X}-\mu)}{S} < t_{\alpha}(n-1) \right) = 1-\alpha$$

将不等式恒等变形后可得 μ 置信度为 $1-\alpha$ 的置信下限为 $\bar{X} - t_{\alpha}(n-1)\dfrac{S}{\sqrt{n}}$.

由 t 分布表知 $t_{0.05}(11)=1.7959$，由此求得平均寿命 μ 置信度为 0.95 置信下限为 4.5806，也就是说平均寿命大于 4.5806 万公里的可信度为 95%.

【例 7-4-3】用正态分布参数 μ 的置信区间解决本章开始时提出的保险险种的营销策略问题（题目见 148 页）.

解：抽取的样本容量为 36，正态分布可作为总体的近似分布进行区间估计．因方差未知，采用 t 分布求均值的置信区间．经计算可得 $\bar{x} = 38.94$，$s^2 = 67.54$．取置信水平 $1 - \alpha = 0.95$，t 分布表可得 $t_{0.025}(35) = 2.0301$．由此可得投保的平均年龄置信水平为 95% 的置信区间为 $\left(\bar{X} - t_{\frac{\alpha}{2}}(n-1)\dfrac{S}{\sqrt{n}}, \bar{X} + t_{\frac{\alpha}{2}}(n-1)\dfrac{S}{\sqrt{n}} \right) = (36.16, 41.72)$．所以应该在 $36 \sim 42$ 岁的人群中推广该险种，他们购买该险种的可能性为 95%．

2. σ^2 的置信区间

在实际问题中 σ^2 未知时 μ 已知的情形极为罕见的，所以只讨论在 μ 未知的条件下 σ^2 的置信区间．

点估计及估计量的评选标准中已知 σ^2 的无偏估计量为样本方差 S^2．又有 $\dfrac{(n-1)S^2}{\sigma^2} \sim \chi^2(n-1)$，所以选择 $\dfrac{(n-1)S^2}{\sigma^2}$ 作为枢轴量．因 χ^2 分布是偏态分布，寻找平均长度最短区间很难实现，一般寻找等尾置信区间．把 α 分成为两部分，在 χ^2 分布两侧各截面积为 $\dfrac{\alpha}{2}$ 的部分，即采用 χ^2 的两个分位数 $\chi^2_{\frac{\alpha}{2}}(n-1)$ 和 $\chi^2_{1-\frac{\alpha}{2}}(n-1)$（见图 7 - 2），它们满足

$$P\left(\chi^2_{1-\frac{\alpha}{2}} < \frac{(n-1)S^2}{\sigma^2} < \chi^2_{\frac{\alpha}{2}}\right) = 1 - \alpha$$

由此给出 σ^2 的 $1 - \alpha$ 置信区间为：

$$\left(\frac{(n-1)S^2}{\chi^2_{\frac{\alpha}{2}}(n-1)}, \frac{(n-1)S^2}{\chi^2_{1-\frac{\alpha}{2}}(n-1)} \right) \tag{7-3}$$

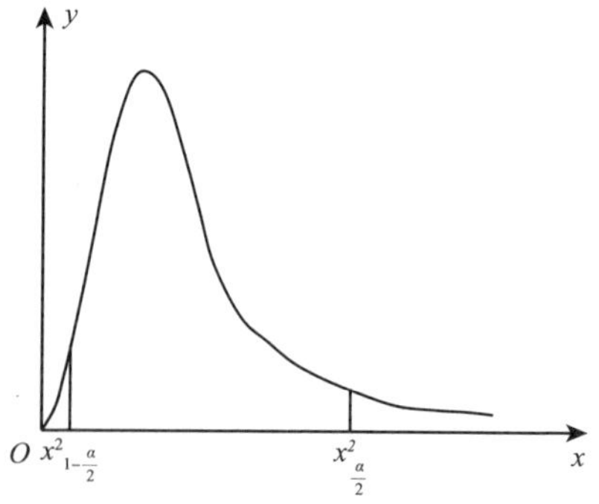

图 7 - 2

将式（7 - 3）的两端开方即得到标准差 σ 的 $1 - \alpha$ 置信区间.

【例 7 - 4 - 4】某厂生产的零件重量服从正态分布 $N(\mu, \sigma^2)$，现从该厂生产的零件中抽取 9 个，测得其质量（单位：g）为：

　　45.3　45.4　45.1　45.3　45.5　45.7　45.4　45.3　45.6

求总体标准差 σ 的 0.95 置信区间（$\alpha = 0.05$）.

解：由数据可算得：

$$s^2 = 0.0325, (n-1)s^2 = 8 \times 0.0325 = 0.26$$

由 χ^2 分布表（见本书附表 4）知 $\chi^2_{0.975}(8) = 2.1797, \chi^2_{0.025}(8) = 17.5345$，则 σ^2 的 0.95 置信区间为（0.0148，0.1193），从而得到 σ 的 0.95 置信区间为（0.1218，0.3454）.

二、两个正态总体参数的区间估计

设 $X_1, \ldots, X_m$ 是取自 $N(\mu_1, \sigma_1^2)$ 的样本，$Y_1, \ldots, Y_n$ 是取自 $N(\mu_2, \sigma_2^2)$ 的样本，且两个样本相互独立，$\bar{X}$ 和 $\bar{Y}$ 分别是它们的样本均值，$S_X^2 = \dfrac{1}{m-1}\sum\limits_{i=1}^{m}(X_i - \bar{X})^2$ 和 $S_Y^2 = \dfrac{1}{n-1}\sum\limits_{i=1}^{n}(Y_i - \bar{Y})^2$ 分别是它们的样本方差，下面讨论两个正态总体均值差和方差比的置信区间.

1. $\mu_1 - \mu_2$ 的置信区间

（1）σ_1^2 和 σ_2^2 已知.

有 $\bar{X} - \bar{Y} \sim N\left(\mu_1 - \mu_2, \dfrac{\sigma_1^2}{m} + \dfrac{\sigma_2^2}{n}\right)$，取枢轴量为

$$Z = \frac{\bar{X} - \bar{Y} - (\mu_1 - \mu_2)}{\sqrt{\dfrac{\sigma_1^2}{m} + \dfrac{\sigma_2^2}{n}}} \sim N(0,1)$$

可得 $\mu_1 - \mu_2$ 的 $1 - \alpha$ 置信区间为：

$$\left(\bar{X} - \bar{Y} - z_{\alpha/2}\sqrt{\frac{\sigma_1^2}{m} + \frac{\sigma_2^2}{n}}, \bar{X} - \bar{Y} + z_{\alpha/2}\sqrt{\frac{\sigma_1^2}{m} + \frac{\sigma_2^2}{n}}\right) \qquad (7 - 4)$$

（2）σ_1^2 和 σ_2^2 未知，但 $\sigma_1^2 = \sigma_2^2 = \sigma^2$.

有 $\bar{X} - \bar{Y} \sim N\left(\mu_1 - \mu_2, \left(\dfrac{1}{m} + \dfrac{1}{n}\right)\sigma^2\right)$，$\dfrac{(m-1)S_X^2 + (n-1)S_Y^2}{\sigma^2} \sim \chi^2(m+n-2)$，

由于 $\bar{X}, \bar{Y}, S_X^2, S_Y^2$ 相互独立，可构造服从 $t(m+n-2)$ 分布的枢轴量

$$T = \sqrt{\frac{mn(m+n-2)}{m+n}} \, \frac{\bar{X} - \bar{Y} - (\mu_1 - \mu_2)}{\sqrt{(m-1)S_X^2 + (n-1)S_Y^2}} \sim t(m+n-2)$$

记 $S_w^2 = \dfrac{(m-1)S_X^2 + (n-1)S_Y^2}{m+n-2}$，则 $\mu_1 - \mu_2$ 的 $1-\alpha$ 置信区间为：

$$\left(\bar{X} - \bar{Y} - \sqrt{\frac{m+n}{mn}} S_w t_{\alpha/2}(m+n-2),\ \bar{X} - \bar{Y} + \sqrt{\frac{m+n}{mn}} S_w t_{\alpha/2}(m+n-2)\right)$$

$$(7-5)$$

【例 7-4-5】为比较 I 和 II 两种型号步枪子弹的枪口速度，随机地取 I 型子弹 10 发，得到枪口速度的平均值为 $\bar{x}_1 = 500\text{m/s}$，标准差 $s_1 = 1.10\text{m/s}$，随机地取 II 型子弹 20 发，得到枪口速度的平均值为 $\bar{x}_2 = 496\text{m/s}$. 标准差 $s_2 = 1.20\text{m/s}$. 假设两个总体都近似地服从正态分布，且方差相等. 求总体均值差 $\mu_1 - \mu_2$ 置信水平为 0.95 的置信区间.

解：按实际情况，可认为来自两个总体的样本相互独立的. 又因为两个总体的方差相等，但数值未知，故可用式（7-5）求均值差的置信区间. 由于 $1 - \alpha = 0.95$，$\alpha/2 = 0.025$，$n_1 = 10$，$n_2 = 20$，$n_1 + n_2 - 2 = 28$，$t_{0.025}(28) = 2.048$，$s_\omega^2 = (9 \times 1.10^2 + 19 \times 1.20^2)/28$，$s_\omega = 1.1688$，故所求的总体均值差 $\mu_1 - \mu_2$ 置信水平为 0.95 的置信区间是：

$$\left(\bar{x}_1 - \bar{x}_2 \pm s_\omega \times t_{0.025}(28)\sqrt{\frac{1}{10} + \frac{1}{20}}\right) = (4 \pm 0.93)$$

即 $\mu_1 - \mu_2$ 置信水平为 0.95 的置信区间是（3.07，4.93）.

本题中得到的置信区间的下限大于零，因此在实际应用中可认为 μ_1 比 μ_2 大.

2. 方差比 σ_1^2/σ_2^2 的置信区间

此处仅讨论总体均值 μ_1，μ_2 均为未知的情况. 由抽样分布知

$$\frac{S_1^2/S_2^2}{\sigma_1^2/\sigma_2^2} \sim F(m-1,n-1)$$

分布 $F(m-1,n-1)$ 不依赖任何未知参数，选取 $\dfrac{S_1^2/S_2^2}{\sigma_1^2/\sigma_2^2}$ 为枢轴量，可得：

$$P\left\{ F_{1-\alpha/2}(m-1,n-1) < \frac{S_1^2/S_2^2}{\sigma_1^2/\sigma_2^2} < F_{\alpha/2}(m-1,n-1) \right\} = 1-\alpha$$

即：

$$P\left\{ \frac{S_1^2}{S_2^2} \frac{1}{F_{\alpha/2}(m-1,n-1)} < \frac{\sigma_1^2}{\sigma_2^2} < \frac{S_1^2}{S_2^2} \frac{1}{F_{1-\alpha/2}(m-1,n-1)} \right\} = 1-\alpha$$

所以 σ_1^2/σ_2^2 置信水平为 $1-\alpha$ 的置信区间为：

$$\left(\frac{S_1^2}{S_2^2} \frac{1}{F_{\alpha/2}(m-1,n-1)}, \frac{S_1^2}{S_2^2} \frac{1}{F_{1-\alpha/2}(m-1,n-1)} \right)$$

本章学习目标自检

1. 理解参数点估计的思想及方法.

2. 熟练掌握矩法估计（一阶矩、二阶矩）和极大似然估计.

3. 了解估计量的无偏性、有效性（最小方差性）和一致性（相合性）的概念，并会验证估计量的无偏性.

4. 理解区间估计的概念，掌握单个正态总体均值和方差的置信区间，会求两个正态总体的均值差和方差比的置信区间.

习题七

一、填空题

1. 设总体 X 服从二项分布 $B(N,p)$，$0 < P < 1$，$X_1, X_2 \ldots, X_n$ 是其一个样本，那么矩估计量 $\hat{p} = $ _____.

2. 设总体 $X \sim B(1,p)$ ，未知参数 $0 < p < 1$ ，$X_1,X_2\ldots,X_n$ 是 X 样本，样本的一组观测值为 $x_1,x_2\ldots,x_n$ ，则 p 的矩估计量为_____，极大似然函数为_____．

3. 设 $X_1,X_2,\ldots,X_n$ 是取自总体 $X \sim N(\mu,\sigma^2)$ 的样本，$x_1,x_2\ldots,x_n$ 为样本的观测值，关于 μ 及 σ^2 的极大似然函数 $L(x_1,x_2\ldots,x_n;\mu,\sigma^2) = $ _____．

4. 设 X_1,X_2,X_3 为取自总体 X 的样本，总体均值 $EX = \mu$ ，均值估计量 $\hat{\mu}_1 = \frac{1}{5}X_1 + \frac{3}{10}X_2 + \frac{1}{2}X_3, \hat{u}_2 = \frac{1}{3}X_1 + \frac{1}{4}X_2 + \frac{5X_3}{12}, \hat{u}_3 = \frac{1}{3}X_1 + \frac{3}{4}X_2 - \frac{1}{12}X_3$ 的数学期望都为_____，_____最有效．

5. 方差 σ^2 已知，置信度为 $1-\alpha$ ，为使正态总体均值 μ 的置信区间长度不大于 L ，样本容量至少为_____．

二、选择题

1. 设 $X_1,X_2,\ldots,X_n$ 是取自总体 $N(0,\sigma^2)$ 的样本，则可以作为 σ^2 的无偏估计量的是（   ）．

A. $\frac{1}{n}\sum_{i=1}^{n}X_i^2$ B. $\frac{1}{n-1}\sum_{i=1}^{n}X_i^2$

C. $\frac{1}{n}\sum_{i=1}^{n}X_i$ D. $\frac{1}{n-1}\sum_{i=1}^{n}X_i$

2. 设总体 $X \sim N(\mu,\sigma^2)$ ，σ^2 未知，设总体均值 μ 置信度 $1-\alpha$ 的置信区间长度为 l ，那么 l 与 α 的关系为（   ）．

A. α 增大，l 减小   B. α 增大，l 增大

C. α 增大，l 不变   D. α 与 l 关系不确定

3. 设总体 $X \sim N(\mu,\sigma^2)$ ，且 σ^2 已知，若以置信度 $1-\alpha$ 估计总体均值 μ ，下列做法中一定能使估计更精确的是（   ）．

A. 提高置信度 $1-\alpha$ ，增加样本容量

B. 提高置信度 $1-\alpha$ ，减少样本容量

C. 降低置信度 $1-\alpha$ ，增加样本容量

D. 降低置信度 $1-\alpha$ ，减少样本容量

三、计算题

1. 对某一距离进行 5 次测量，结果如下（单位：米）：

2781　2836　2807　2765　2858

已知测量结果服从 $N(\mu,\sigma^2)$，求参数 μ 和 σ^2 的矩估计量.

2. 设总体 X 具有概率密度

$$f(x;\theta)=\begin{cases}C^{\frac{1}{\theta}}\dfrac{1}{\theta}x^{-\left(1+\frac{1}{\theta}\right)}, & x>C\\[2mm]0, & \text{其他}\end{cases}$$

其中参数 $0<\theta<1$，C 为已知常数，且 $C>0$，$X_1,X_2,\ldots,X_n$ 为取自总体 X 的样本，求 θ 的矩估计量.

3. 设总体 X 的概率密度为：

$$f(x;\alpha)=\begin{cases}(\alpha+1)x^{\alpha}, & 0<x<1\\0, & \text{其他}\end{cases}$$

设 $X_1,X_2,\ldots,X_n$ 为取自总体 X 的样本，求参数 α 的矩估计量和极大似然估计量.

4. 设总体 X 的概率密度为：

$$f(x)=\begin{cases}\dfrac{6x}{\theta^3}(\theta-x), & 0<x<\theta\\0, & \text{其他}\end{cases}$$

$X_1,X_2,\ldots,X_n$ 为来自 X 的简单随机样本. 试求 θ 的矩估计量 $\hat{\theta}$ 及 $\hat{\theta}$ 的方差.

5. 设随机变量

$$X\sim f(x)=\begin{cases}\lambda e^{-\lambda x}, & x>0,\text{未知参数 }\lambda>0\\0, & x\leqslant0\end{cases}$$

且 $E(X)=\mu$. 取样本 $X_1,X_2,\ldots,X_n$，求总体期望 μ 的矩估计量和极大似然估计量，并检验其无偏性.

6. 设 $X_1,X_2,\ldots,X_n$ 为从一总体中抽出的一组样本，总体均值 μ 已知，用 $\dfrac{1}{n-1}\displaystyle\sum_{i=1}^{n}(X_i-\mu)^2$ 估计总体方差 σ^2，问：它是否是 σ^2 的无偏估计？应如何修改，才能成为无偏估计？

7. 设 $X_1,X_2,\ldots,X_n$ 是来自总体 $N(\mu,\sigma^2)$ 的一个样本，若使 $C\times\displaystyle\sum_{i=1}^{n-1}(X_{i+1}-X_i)^2$ 为 σ^2 的无偏估计，求常数 C 的值.

8. 设总体 $X\sim N(\mu,0.9^2)$，当样本容量 $n=9$ 时，测得 $\overline{X}=5$，求未知参数 μ 置信度为 0.95 的置信区间.

9. 从长期生产实践中得知，生产自行车中所用小钢球的直径 $X \sim N(\mu, \sigma^2)$，现从某批产品中随机抽取 6 件，测得它们的直径（单位：mm）为：

$$14.6 \quad 15.1 \quad 14.9 \quad 14.8 \quad 15.2 \quad 15.1$$

置信度 $1 - \alpha = 0.95$（即 $\alpha = 0.05$）. 完成以下任务：

（1）若 $\sigma^2 = 0.06$，求 μ 的置信区间.

（2）若 σ^2 未知，求 μ 的置信区间.

（3）求方差 σ^2，均方差 σ 的置信区间.

10. 在一项关于软塑料管的实用研究中，需要估计软管所承受的平均压力。随机抽取 9 个压力读数，样本均值和标准差分别为 3.62 和 0.45. 假定压力读数近似服从正态分布，试求总体平均压力置信度为 0.99 时的置信区间.

11. 一个银行负责人想知道储户存入两家银行的钱数，他从两家银行各抽取了 25 个储户组成的随机样本. 样本均值如下：第一家 4500 元；第二家 3250 元. 根据以往资料数据可知两个总体服从方差分别为 2500 和 3600 的正态分布. 试求总体均值之差置信度为 0.95 时的置信区间.

第八章 假设检验

要解决的实际问题

一、药品质量检验

国家规定某种药品所含杂质的含量不得超过 0.19 毫克/克,某药厂对其生产的该种药品的杂质含量进行了两次抽样检验,各测得 10 个数据(单位:毫克/克),如表 8-1 所示:

表 8-1

| 第一次 | 0.183 | 0.186 | 0.188 | 0.191 | 0.196 | 0.189 | 0.196 | 0.197 | 0.209 | 0.215 |
| 第二次 | 0.182 | 0.183 | 0.187 | 0.187 | 0.193 | 0.198 | 0.198 | 0.199 | 0.211 | 0.212 |

该厂的两次自检结果均为合格,厂家很有信心通过药监局的质量检验。但药监局用其报送的 20 个数据重新进行了一次检验,结果却是不合格,这是为什么? 最终应该采纳谁的结果?

二、考试成绩分析

假设概率论与数理统计考试的考生成绩服从正态分布,从中随机抽取

36 位考生的成绩，算得平均成绩为 66.5 分，标准差为 15 分，能不能以 95% 的概率认为该次考试全体学生的平均成绩为 70 分？

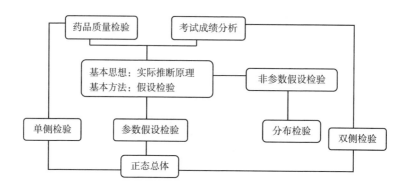

需要的知识与方法

第一节　假设检验的基本思想与方法

　　参数估计是对样本进行适当的加工，并推断参数的取值或者所在区间，这种方法常用于对参数的情况一无所知时．若根据经验能对参数的取值提出假设，可以通过样本对假设进行验证，就是参数的假设检验.

　　依据假设对象可以将假设检验分为参数假设检验与非参数假设检验．为了说明假设检验的基本思想与方法，先来看一个简单的问题.

　　【例 8-1-1】某车间用一台包装机包装葡萄糖，袋装糖的净重服从正态分布，当机器正常时，其均值为 0.5kg（记为 μ_0），标准差为 0.015kg. 某日开工后为检验包装机是否正常，随机地抽取它包装的 9 袋糖，称得净重为（kg）：

　　0.479　0.506　0.518　0.524　0.498　0.511　0.520　0.515　0.512
问机器是否正常？

　　分析：以 μ,σ 分别表示袋装糖的净重总体 X 的均值和标准差，已知 $\sigma=0.015$，故总体 $X \sim N(\mu,\sigma^2)$，μ 未知，判断机器是否正常工作也就是判断袋装糖的平均重量是否等于 $\mu_0 = 0.5\text{kg}$，即需根据样本值在 $H_0: \mu = \mu_0$ 和 $H_1: \mu \neq \mu_0$ 两个假设中做出选择．$H_0: \mu = \mu_0$ 和 $H_1: \mu \neq \mu_0$ 这两个相互对立的假设被称为统计假设，H_0 为原假设，H_1 为备择假设．

原假设与备择假设的选择依据为实际推断原理，也就是"小概率事件在一次试验中几乎不发生"原理，小概率事件的概率 α 没有绝对标准，一般是根据实际问题确定，常取 0.01，0.05，0.1 等，假设检验中的小概率 α 被称为显著性水平．

对假设进行选择就需要构造小概率事件，由参数估计知 $\bar{X}$ 是 μ 的无偏估计，随着样本容量的增加，$\bar{X}$ 的观察值 $\bar{x}$ 会稳定在 μ 的附近．因此当 $H_0: \mu = \mu_0$ 为真时，观察值 $\bar{x}$ 与 μ_0 的偏差 $|\bar{x} - \mu_0|$ 不应太大；如果 $|\bar{x} - \mu_0|$ 过分大，就有理由怀疑 H_0 的真实性，即认为 H_0 是假的，可以拒绝 H_0，从而认为 H_1 是真的．

$H_0: \mu = \mu_0$ 为真时，事件"$|\bar{x} - \mu_0|$ 过分大"为小概率事件，设其概率为 α，事件"$|\bar{x} - \mu_0|$ 过分大"可表示为 $|\bar{x} - \mu_0| \geq k$，即 $P(|\bar{x} - \mu_0| \geq k) = \alpha$，问题转化为寻找小概率事件的边界点 k．

在 H_0 为真的条件下，$\dfrac{\bar{X} - \mu_0}{\sigma/\sqrt{n}} \sim N(0,1)$．由 $P\left(\left|\dfrac{\bar{X} - \mu_0}{\sigma/\sqrt{n}}\right| \geq Z_{\frac{\alpha}{2}}\right) = \alpha$，$Z_{\frac{\alpha}{2}}$ 为标准正态分布的上 $\dfrac{\alpha}{2}$ 分位点，可恒等变形得到 $P(|\bar{x} - \mu_0| \geq k) = \alpha$ 中边界点 k 的取值．

当样本均值的观测值 $\bar{x}$ 使不等式 $\left|\dfrac{\bar{X} - \mu_0}{\sigma/\sqrt{n}}\right| \geq Z_{\frac{\alpha}{2}}$ 成立时，小概率事件"$|\bar{x} - \mu_0|$ 过分大"发生，与实际推断原理相矛盾，有理由怀疑 H_0 的真实性，依据此次的观测值，做出拒绝 H_0，接受 H_1 的选择．当 $\left|\dfrac{\bar{X} - \mu_0}{\sigma/\sqrt{n}}\right| \geq Z_{\frac{\alpha}{2}}$ 不成立时，没有理由拒绝 H_0，只能做出接受 H_0 的选择，由此称 $\left\{\bar{x} \mid \left|\dfrac{\bar{x} - \mu_0}{\sigma/\sqrt{n}}\right| \geq Z_{\frac{\alpha}{2}}\right\}$ 为原假设 H_0 的拒绝域，$\left\{\bar{x} \mid \left|\dfrac{\bar{x} - \mu_0}{\sigma/\sqrt{n}}\right| < Z_{\frac{\alpha}{2}}\right\}$ 为原假设 H_0 的接受域，称统计量 $\dfrac{\bar{X} - \mu_0}{\sigma/\sqrt{n}}$ 为检验统计量．

解：取 $\alpha = 0.05$，$Z_{0.025} = 1.96$．则假设 H_0 的拒绝域为

$\left\{\bar{x} \ \Big| \ \left| \dfrac{\bar{x} - \mu_0}{\sigma / \sqrt{n}} \right| \geq 1.96 \right\}$，由统计数据可得 $\bar{x} \approx 0.509$，$\left| \dfrac{\bar{x} - \mu_0}{\sigma / \sqrt{n}} \right| = 1.8 < 1.96$，没有理由拒绝假设 H_0，即接受假设 H_0，也就是说袋装糖的平均重量是 0.5kg，包装机器工作正常.

由上例可以看出假设检验的基本思想与方法为：

首先，提出两个相反的假设：一般将不想轻易否定的假设用 H_0 表示，称为原假设（零假设），与原假设对立的假设用 H_1 表示，称为备择假设.

其次，在假设 H_0 成立的条件下构造小概率事件，上例中的小概率事件等价于事件 $\left\{\bar{x} \ \Big| \ \left| \dfrac{\bar{x} - \mu_0}{\sigma / \sqrt{n}} \right| \geq k \right\}$.

最后，由样本值判断小概率事件是否发生. 如果小概率事件发生，根据"实际推断原理"，可做出原假设错误的推断，也就是说与原假设相反的结论应该得到认可. 如果小概率事件没有发生，就没有理由拒绝原假设，即接受原假设.

假设检验的一般步骤为：

（1）根据实际问题的要求，充分考虑和利用已知的背景知识，提出原假设 H_0 及备择假设 H_1.

（2）选取合适的检验统计量，检验统计量的分布不依赖于未知参数.

（3）对给定的显著水平 α，结合检验统计量的分布，确定拒绝域.

（4）依据样本观测值，计算检验统计量的观测值，做出判断，得到结论.

假设检验依据"实际推断原理"对假设进行判断. 但小概率事件并不是一定不发生，因此假设检验可能会出现两类错误：一是原假设 H_0 成立，但检验结果表明 H_0 不成立，即拒绝 H_0，这时称检验犯了第一类错误，或"弃真"错误，此类错误的概率就是显著水平 α；二是原假设 H_0 不成立，而检验结果表明 H_0 成立，即接受 H_0，这时称检验犯了第二类错误，或"存伪"错误. 进行检验时，当然希望犯两类错误的概率都尽可能小. 一般来说，在样本容量一定的情况下，要使两者都达到最小是不可能的. 本章只讨论控制犯第一类错误概率的假设检验问题，这样的假设检验为显著性假设检验.

第二节 单个正态总体参数的假设检验

一、总体均值的假设检验

设总体 $X \sim N(\mu, \sigma^2)$，$X_1, X_2, \ldots, X_n$ 为来自总体 X 的样本，$x_1, x_2, \ldots, x_n$ 为样本观测值，对均值 μ 的检验一般有以下三种形式：

（1）双边检验：$H_0 : \mu = \mu_0, H_1 : \mu \neq \mu_0.$

（2）右边检验：$H_0 : \mu \leqslant \mu_0, H_1 : \mu > \mu_0.$

（3）左边检验：$H_0 : \mu \geqslant \mu_0, H_1 : \mu < \mu_0.$

其中 μ_0 为已知常数.

下面分别对总体方差已知与未知两种情况给出 H_0 的拒绝域.

1. 方差 σ^2 已知的情况（Z 检验）

当方差 σ^2 已知时，上面三种检验的检验统计量均可采用 $Z = \dfrac{\bar{X} - \mu_0}{\sigma / \sqrt{n}}$，

在显著水平 α 下，H_0 的拒绝域分别为：

$$\left\{ \bar{x} \;\middle|\; \left| \frac{\bar{x} - \mu_0}{\sigma / \sqrt{n}} \right| \geqslant Z_{\frac{\alpha}{2}} \right\}, \left\{ \bar{x} \;\middle|\; \frac{\bar{x} - \mu_0}{\sigma / \sqrt{n}} \geqslant Z_\alpha \right\}, \left\{ \bar{x} \;\middle|\; \frac{\bar{x} - \mu_0}{\sigma / \sqrt{n}} \leqslant Z_\alpha \right\}$$

2. 方差 σ^2 未知的情况（t 检验）

当方差 σ^2 未知时，由于 $Z = \dfrac{\bar{X} - \mu_0}{\sigma / \sqrt{n}}$ 中含有未知参数，不能再作为检验

统计量. 考虑到样本方差 S^2 是 σ^2 的无偏估计，且 $T = \dfrac{\bar{X} - \mu_0}{S / \sqrt{n}} \sim t(n-1)$，

所以改用 $T = \dfrac{\bar{X} - \mu_0}{S / \sqrt{n}}$ 作为检验统计量，其观测值为 $t = \dfrac{\bar{x} - \mu_0}{s / \sqrt{n}}$. 在显著水平 α

下，H_0 的拒绝域分别为：

$$\left\{ \bar{x} \;\middle|\; \left| \frac{\bar{x} - \mu_0}{s / \sqrt{n}} \right| \geqslant t_{\frac{\alpha}{2}}(n-1) \right\}, \left\{ \bar{x} \;\middle|\; \frac{\bar{x} - \mu_0}{s / \sqrt{n}} \geqslant t_\alpha(n-1) \right\}, \left\{ \bar{x} \;\middle|\; \frac{\bar{x} - \mu_0}{s / \sqrt{n}} \leqslant t_\alpha(n-1) \right\}$$

【例 8 - 2 - 1】在显著水平 $\alpha = 0.05$ 下，用 t 检验解决药品质量检验问题（题目见 169 页本章开始处的问题一）.

解：用 X 表示该药品杂质的含量，其均值为 μ，国家规定杂质含量的上限 $\mu_0 = 0.19$，根据经验，一般认为 X 服从正态分布，质量的假设检验为：$H_0 : \mu \leqslant \mu_0, H_1 : \mu > \mu_0$. 这是右边检验问题.

检验统计量为 $T = \dfrac{\bar{X} - \mu_0}{S/\sqrt{n}} \sim t(n-1)$，右边检验的拒绝域为

$$\left\{ \bar{x} \;\middle|\; \frac{\bar{x} - \mu_0}{s/\sqrt{n}} \geqslant t_\alpha(n-1) \right\}.$$

厂家第一次检验时，$n = 10$，$\bar{x} = 0.195$，$s = 0.01015$，$t_{0.05}(9) = 1.8331$，可计算统计量的观测值为 $\dfrac{\bar{x} - \mu_0}{s/\sqrt{n}} \approx 1.56 < t_{0.05}(9)$，所以没有理由拒绝原假设，只能接受原假设，也就是说厂家做出了该药品合格的结论是合理的.

练习 1：为什么厂家的第二次检验药品也合格？

药监局检验时，$n = 20$，$\bar{x} = 0.195$，$s = 0.01014$，$t_{0.05}(19) = 1.7291$，可得检验统计量的观测值为 $\dfrac{\bar{x} - \mu_0}{s/\sqrt{n}} \approx 2.21 \geqslant t_{0.05}(19)$，所以拒绝原假设，接受备择假设，也就是药监局做出了该药品不合格的结论.

样本容量对假设检验的影响，需要依据两类错误的大小进行讨论，这里不再赘述。

二、总体方差的假设检验（χ^2 检验）

设总体 $X \sim N(\mu, \sigma^2)$，$X_1, X_2, \ldots, X_n$ 为来自总体 X 的样本，$x_1, x_2, \ldots, x_n$ 为样本观测值，对方差 σ^2 的检验一般有以下三种形式：

（1）双边检验：$H_0 : \sigma^2 = \sigma_0^2$，$H_1 : \sigma^2 \neq \sigma_0^2$.

（2）右边检验：$H_0 : \sigma^2 \leqslant \sigma_0^2$，$H_1 : \sigma^2 > \sigma_0^2$.

（3）左边检验：$H_0 : \sigma^2 \geqslant \sigma_0^2$，$H_1 : \sigma^2 < \sigma_0^2$.

其中 σ_0^2 为已知常数.

若均值未知，上面三种假设检验都可以选择 $\chi^2 = \dfrac{(n-1)S^2}{\sigma_0^2}$ 作为检验统

计量，$\dfrac{(n-1)S^2}{\sigma_0^2} \sim \chi^2(n-1)$. 对给定的显著水平 α，H_0 的拒绝域分别为：

$$\left\{ s^2 \left| \dfrac{(n-1)s^2}{\sigma_0^2} \geqslant \chi_{\frac{\alpha}{2}}^2(n-1) \text{ 或 } \dfrac{(n-1)s^2}{\sigma_0^2} \leqslant \chi_{1-\frac{\alpha}{2}}^2(n-1) \right. \right\},$$

$$\left\{ s^2 \left| \dfrac{(n-1)s^2}{\sigma_0^2} \geqslant \chi_{\alpha}^2(n-1) \right. \right\}, \left\{ s^2 \left| \dfrac{(n-1)s^2}{\sigma_0^2} \leqslant \chi_{1-\alpha}^2(n-1) \right. \right\}$$

【例 8 – 2 – 2】 彩虹厂生产某种型号的电池，其寿命（以小时计）长期以来服从 $\sigma_0^2 = 5000$ 的正态分布，现有一批这种电池，从它的生产情况来看，寿命的波动性有所改变. 现随机取 26 只电池，测出其寿命的样本方差 $s^2 = 9200$. 根据这一数据能否推断这批电池寿命的波动性较以往有显著的变化（取 $\alpha = 0.02$）？

解：由题意需检验 H_0：$\sigma^2 = \sigma_0^2$，H_1：$\sigma^2 \neq \sigma_0^2$.

选择检验统计量 $\chi^2 = \dfrac{(n-1)S^2}{\sigma_0^2}$，其分布为 $\chi^2(n-1)$.

双边检验的拒绝域为

$$\left\{ s^2 \left| \dfrac{(n-1)s^2}{\sigma_0^2} \geqslant \chi_{\frac{\alpha}{2}}^2(n-1) \text{ 或 } \dfrac{(n-1)s^2}{\sigma_0^2} \leqslant \chi_{1-\frac{\alpha}{2}}^2(n-1) \right. \right\}$$

由 $n = 26$，$s^2 = 9200$，$\chi_{\frac{\alpha}{2}}^2(n-1) = \chi_{0.01}^2(25) = 44.314$，$\chi_{1-\frac{\alpha}{2}}^2(n-1) = \chi_{0.99}^2(25) = 11.524$，可得检验统计量的观测值为：

$$\dfrac{(n-1)s^2}{\sigma_0^2} = 47.84 \geqslant \chi_{0.01}^2(25) = 44.314$$

所以拒绝原假设 H_0，接受 H_1，也就是认为这批电池寿命的波动性较以往有显著变化.

第三节　两个正态总体参数的假设检验

上节讨论了单个正态总体参数的假设检验，可以用类似的方法考虑两个正态总体的参数假设检验. 对于两个正态总体，所关心的不是每个参数的假设检验，而是侧重于两个总体之间的差异，即两个总体均值或方差是否相等.

设总体 $X \sim N(\mu_1, \sigma_1^2)$，$Y \sim N(\mu_2, \sigma_2^2)$，$X_1, X_2, \ldots, X_{n_1}$ 为取自总体 X 的样本，$Y_1, Y_2, \ldots, Y_{n_2}$ 为取自总体 Y 的样本，并且两个样本相互独立，记 $\bar{X}$ 与 S_1^2 分别为样本 $X_1, X_2, \ldots, X_{n_1}$ 的均值与方差，$\bar{Y}$ 与 S_2^2 分别为样本 $Y_1, Y_2, \ldots, Y_{n_2}$ 的均值与方差.

一、两个正态总体均值的假设检验

类似于单个正态总体的均值检验，对于两个正态总体的均值检验有下面的三种形式：

（1）双边检验：$H_0: \mu_1 = \mu_2$，$H_1: \mu_1 \neq \mu_2$.

（2）右边检验：$H_0: \mu_1 \leqslant \mu_2$，$H_1: \mu_1 > \mu_2$.

（3）左边检验：$H_0: \mu_1 \geqslant \mu_2$，$H_1: \mu_1 < \mu_2$.

这三种形式可以转化为对 $\mu_1 - \mu_2$ 相应的假设检验，下面分两种情况讨论 H_0 的拒绝域.

1. 方差 σ_1^2，σ_2^2 已知（Z 检验）

可选择

$$Z = \frac{\bar{X} - \bar{Y}}{\sqrt{\sigma_1^2/n_1 + \sigma_2^2/n_2}} \sim N(0,1)$$

作为检验统计量，记其观测值为 z.

对给定的显著水平 α，上面三种检验 H_0 的拒绝域分别为：

$$\left\{ z \,\middle|\, |z| = \left| \frac{\bar{x} - \bar{y}}{\sqrt{\sigma_1^2/n_1 + \sigma_2^2/n_2}} \right| \geqslant Z_{\frac{\alpha}{2}} \right\}, \left\{ z \,\middle|\, z = \frac{\bar{x} - \bar{y}}{\sqrt{\sigma_1^2/n_1 + \sigma_2^2/n_2}} \geqslant Z_\alpha \right\},$$

$$\left\{ z \,\middle|\, z = \frac{\bar{x} - \bar{y}}{\sqrt{\sigma_1^2/n_1 + \sigma_2^2/n_2}} \leqslant -Z_\alpha \right\}$$

2. 方差 σ_1^2，σ_2^2 未知，但 $\sigma_1^2 = \sigma_2^2 = \sigma^2$（$t$ 检验）

可选 $T = \dfrac{\bar{X} - \bar{Y}}{S_w\sqrt{1/n_1 + 1/n_2}} \sim t(n_1 + n_2 - 2)$，其中

$S_w^2 = \dfrac{(n_1-1)S_1^2 + (n_2-1)S_2^2}{n_1 + n_2 - 2}$，$S_w = \sqrt{S_w^2}$ 为检验统计量，记其观测值为 t.

对给定的显著水平 α，上面三种检验 H_0 的拒绝域分别为：

$$\left\{t \,\middle|\, |t| = \left| \frac{\bar{x} - \bar{y}}{S_w\sqrt{1/n_1 + 1/n_2}} \right| \geq t_{\frac{\alpha}{2}}(n_1 + n_2 - 2) \right\}$$

$$\left\{t \,\middle|\, t = \frac{\bar{x} - \bar{y}}{S_w\sqrt{1/n_1 + 1/n_2}} \geq t_\alpha(n_1 + n_2 - 2) \right\}$$

$$\left\{t \,\middle|\, t = \frac{\bar{x} - \bar{y}}{S_w\sqrt{1/n_1 + 1/n_2}} \leq -t_\alpha(n_1 + n_2 - 2) \right\}$$

【例 8-3-1】某地某年高考后随机抽得 15 名男生、12 名女生的物理考试成绩如下：

男生：49 48 47 53 51 43 39 57 56 46 42 44 55 44 40

女生：46 40 47 51 43 36 43 38 48 54 48 34

这 27 名学生的成绩能说明这个地区男女生的物理考试成绩不相上下吗（显著水平 $\alpha = 0.05$）？

解：由中心极限定理知道，该地区男生、女生的物理考试成绩可分别看作服从正态分布的随机变量 $X \sim N(\mu_1, \sigma^2)$，$Y \sim N(\mu_2, \sigma^2)$.

由题意，需检验：$H_0: \mu_1 = \mu_2$，$H_1: \mu_1 \neq \mu_2$.

$n_1 = 15$，$n_2 = 12$，则 $n_1 + n_2 - 2 = 25$. 由观测数据可得 $\bar{x} = 47.6$，$\bar{y} = 44$，

$(n_1 - 1)s_1^2 = \displaystyle\sum_{i=1}^{15}(x_i - \bar{x})^2 = 469.6$，$(n_2 - 1)s_2^2 = \displaystyle\sum_{i=1}^{12}(y_i - \bar{y})^2 = 412$.

$$S_w^2 = \frac{(n_1 - 1)S_1^2 + (n_2 - 1)S_2^2}{n_1 + n_2 - 2} = 35.264,\quad S_w = \sqrt{S_w^2} \approx 5.94,\ \text{由此可得}$$

$$t = \frac{\bar{x} - \bar{y}}{S_w\sqrt{1/n_1 + 1/n_2}} = \frac{47.6 - 44}{5.94\sqrt{1/15 + 1/12}} \approx 1.565.$$

$t_{\frac{\alpha}{2}}(n_1 + n_2 - 2) = t_{0.025}(25) = 2.0595$，由双边检验可得 H_0 的拒绝域为 $\{t \mid |t| \geq 2.0595\}$.

因 $t \approx 1.565 \notin \{t \mid |t| \geq 2.0595\}$，故没有理由拒绝原假设，即认为这个地区男女生的物理考试成绩不相上下.

练习 2：本章开始处提出的考试成绩分析问题中的平均成绩是 70 分吗（可以认为全体考生的平均成绩为 70 分）？

二、两个正态总体方差的假设检验（F 检验）

两个正态总体的方差检验有下面三种形式：

（1）双边检验：H_0：$\sigma_1^2 = \sigma_2^2$，H_1：$\sigma_1^2 \neq \sigma_2^2$.

（2）右边检验：H_0：$\sigma_1^2 \leqslant \sigma_2^2$，$H_1$：$\sigma_1^2 > \sigma_2^2$.

（3）左边检验：H_0：$\sigma_1^2 \geqslant \sigma_2^2$，$H_1$：$\sigma_1^2 < \sigma_2^2$.

仅对均值也未知的情形讨论方差的假设检验，可将其转化为对 σ_1^2 / σ_2^2 或 σ_2^2 / σ_1^2 的检验，可选检验统计量为：

$$F = S_1^2 / S_2^2 \sim F(n_1 - 1, n_2 - 2)$$

记其观测值为 f.

对给定的显著水平 α，上面三种检验 H_0 的拒绝域分别为：

$\{f | f \geqslant F_{\frac{\alpha}{2}}(n_1 - 1, n_2 - 1)$ 或 $f \leqslant F_{1-\frac{\alpha}{2}}(n_1 - 1, n_2 - 1)\}$

$\{f | f \geqslant F_\alpha(n_1 - 1, n_2 - 1)\}$

$\{f | f \leqslant F_\alpha(n_1 - 1, n_2 - 1)\}$

第四节　分布的假设检验

前面两节所介绍的检验是在总体分布已知的情况下，对其中的未知参数进行检验，这类假设检验称为参数假设检验．在实际问题中，总体分布往往是未知的，需要依据样本对总体的分布进行推断，这类对总体服从分布的假设检验称为非参数假设检验．本节主要介绍英国的统计学家皮尔逊在 1900 年提出的分布拟合检验法 χ^2 检验．

一、χ^2 检验法的基本思想

χ^2 检验是在总体分布未知时，依据样本信息，检验总体分布假设的一种方法．检验时先通过样本的经验分布函数或者直方图得到总体分布的直

观印象，然后对总体分布提出假设，再根据样本的经验分布函数与假设理论分布之间的吻合程度来决定是否接受原假设，这种检验被称为 χ^2 拟合优度检验.

二、χ^2 检验法的基本步骤

设总体 $X \sim F(x)$. $F(x)$ 未知，$X_1, X_2, \ldots, X_n$ 为来自总体 X 的样本. χ^2 检验法的基本步骤为：

（1）提出假设：$H_0: F(x) = F_0(x)$，$H_1: F(x) \neq F_0(x)$. 如果总体是离散型随机变量，可以具体假设为分布律；如果总体为连续型随机变量，可具体为其概率密度函数. 如果分布函数中含有未知参数，可用极大似然估计给出未知参数的估计值.

（2）将总体 X 取值范围分成 k 个互不相交的小区间 $A_1, A_2, \ldots, A_k$（这里的 k 一般为 $7 \sim 14$），最好使得每个小区间上样本值的个数不少于 5.

（3）把落入第 i 个小区间 A_i 的样本值的个数记为 f_i，称为组频数. 当 H_0 为真时，根据所假设的总体理论分布，可算出总体 X 的值落入第 i 个小区间 A_i 的概率 p_i. 由大数定律知 np_i 为总体的值落入第 i 个小区间 A_i 的样本值的理论频数.

（4）当 H_0 为真时，np_i 与 f_i 应该很接近，当 H_0 不真时，np_i 与 f_i 相差较大. 基于这种思想，皮尔逊引进检验统计量 $\chi^2 = \sum\limits_{i=1}^{k} \dfrac{(f_i - np_i)^2}{np_i}$，并证明了当 n 充分大（$n \geqslant 50$）时，统计量 $\chi^2 = \sum\limits_{i=1}^{k} \dfrac{(f_i - np_i)^2}{np_i}$ 近似地服从 $\chi^2(k-1)$.

（5）对于给定的显著性水平 α，确定拒绝域为 $\chi^2 > \chi_\alpha^2(k-1)$.

（6）计算统计量 χ^2 的观测值，做出判断.

【例 8 - 4 - 1】根据某市交通部门某年 6 个月的交通事故记录，统计得到星期一至星期日发生交通事故的次数如表 8 - 2 所示。问交通事故发生是否与星期几无关（$\alpha = 0.05$）.

表 8 - 2

星期	一	二	三	四	五	六	日
次数	36	23	29	31	34	60	25

解：若交通事故的发生与星期几无关，则在星期一到星期日的发生交通事故是等可能的，都为 $\frac{1}{7}$. 如果用 A_i 表示星期 i 发生交通事故 $(i=1,2,\ldots,7)$，则需检验的假设为 $H_0:P(A_i)=\frac{1}{7}$，H_1:至少有一个 $P(A_i)\neq\frac{1}{7}$，$i=1,2,\ldots,7$.

由 χ^2 分布表可知 $\chi_{0.05}^2(6)=12.592$. 由样本的观测值可得 $\chi^2=\sum_{i=1}^{k}\frac{(f_i-np_i)^2}{np_i}\approx 26.94>\chi_{0.05}^2(6)$，故拒绝原假设，接受备择假设，即认为交通事故的发生与星期几是有关系的.

练习 3：某实验室，每隔一定时间（7.5 秒）观测一种放射性物质放射的粒子数 X，共观测 2608 次，所得数据如表 8 - 3 所示，试检验观测到的数据是否服从泊松分布（$\alpha=0.05$）.

表 8 - 3

粒子数	0	1	2	3	4	5	6	7	8	9	10	≥11
观测到的次数	57	203	383	525	532	408	273	139	45	27	10	6

小知识　p 值检验

第八章假设检验的检验方法是根据检验统计量的观测值是否落入拒绝域来判断是否接受原假设. 在统计软件中，多采用 p 值检验法.

p 值是当原假设成立时得到样本观测值的概率. p 值越小就说明得到这组样本观测值的概率越小，根据实际推断原理，拒绝原假设的理由也就越充分. 通常根据实际问题选定显著性水平 α，检验时计算出 p 值，如果 $p<\alpha$，拒绝原假设，此时称检验是显著的；如果 $p>\alpha$，就没有理由拒绝原假设，也就只能接受原假设，称检验是不显著的.

```
┌─────────────────────────┐
│    本章学习目标自检      │
└─────────────────────────┘
```

1. 理解假设检验的基本思想以及两类错误的含义.
2. 熟练掌握单个正态总体参数假设检验的基本步骤与方法.
3. 了解总体分布检验的基本方法.

```
┌─────────────────┐
│     习题八       │
└─────────────────┘
```

一、填空题

1. 设样本 $X_1, X_2, \ldots, X_{25}$ 来自总体 $N(\mu, 9)$，μ 未知，若需要检验 $H_0: \mu = \mu_0$，$H_1: \mu \neq \mu_0$，其拒绝域形如 $|\bar{X} - \mu_0| \geq k$，若取 $a = 0.05$，则 k 值为_____.

2. 设 $X_1, X_2, \ldots, X_n$ 是正态总体 $X \sim N(\mu, \sigma^2)$ 的一组样本. 若显著性水平 $\alpha = 0.05$，检验假设 $H_0: \sigma^2 = \sigma_0^2$. 若已知常数 u，则 H_0 的拒绝域 $w_1 = $ _____；如果常数 u 未知，则 H_0 的拒绝域 $w_2 = $ _____.

3. 假设检验中若 H_0 是原假设，H_1 为备择假设，则犯第一类错误的概率 $\alpha = P\{$_____$\}$，犯第二类错误的概率 $\beta = P\{$_____$\}$.

4. 为了校正试用的普通天平，把在该天平上称量为 100 克的 10 个试样在计量标准天平上进行称量，得如下结果：

| 99.3 | 98.7 | 100.5 | 101.2 | 98.3 |
| 99.7 | 99.5 | 102.1 | 100.5 | 99.2 |

假设天平上称量的结果服从正态分布，为检验普通天平与标准天平有无显著差异，H_0 为_____.

5. u 检验、t 检验都是关于_____的假设检验. 当_____已知时，用 u 检验；当_____未知时，用 t 检验.

二、选择题

1. 关于检验水平 α 的设定，下列叙述错误的是（   ）.

A. α 的选取本质上是个实际问题，而非数学问题

B. 在检验实施之前，α 应是事先给定的，不可擅自改动

C. α 即为检验结果犯第一类错误的最大概率

D. 为了得到所希望的结论，可随时对 α 的值进行修正

2. 关于检验的拒绝域 W，检验水平 α，以及所谓的"小概率事件"，下列叙述错误的是（　　）.

A. α 的值即是对究竟多大概率才算"小"概率的量化描述

B. 事件 $\{(X_1, X_2, \ldots, X_n) \in W \mid H_0 \text{ 为真}\}$ 即为一个小概率事件

C. 设 W 是样本空间的某个子集，指事件 $\{(X_1, X_2, \ldots, X_n) \in W \mid H_0$ 为真$\}$

D. 确定恰当的 W 是任何检验的本质问题

3. 设总体 $X \sim N(\mu, \sigma^2)$，σ^2 未知，通过样本 $X_1, X_2, \ldots, X_n$ 检验假设 $H_0: \mu = \mu_0 = 100$，此问题拒绝域形式为（　　）.

A. $\left\{ \dfrac{\bar{X} - 100}{S/\sqrt{n}} > C \right\}$　　　　B. $\left\{ \dfrac{\bar{X} - 100}{S/\sqrt{n}} < C \right\}$

C. $\left\{ \left| \dfrac{\bar{X} - 100}{S/\sqrt{n}} \right| > C \right\}$　　　　D. $\{ \bar{X} > C \}$

4. 设 $X_1, X_2, \ldots, X_n$ 为来自总体 $N(\mu, \sigma^2)$ 的样本，若 μ 未知，$H_0: \sigma^2 \leqslant 100$，$H_1: \sigma^2 > 100$，$\alpha = 0.05$，关于此检验问题，下列不正确的是（　　）.

A. 检验统计量为 $\dfrac{\sum\limits_{i=1}^{n} (X_i - \bar{X})^2}{100}$

B. 在 H_0 成立时，$\dfrac{(n-1)S^2}{100} \sim x^2(n-1)$

C. 拒绝域不是双边的

D. 拒绝域可以形如 $\{ \sum\limits_{i=1}^{n} (X_i - \bar{X})^2 > k \}$

5. 设总体服从正态分布即 $X \sim N(\mu, 3^2)$，$X_1, X_2, \ldots, X_n$ 是 X 的一组样本，在显著性水平 $\alpha = 0.05$ 下，假设"总体均值等于 75"拒绝域为 $w = \{ x_1, x_2, \ldots, x_n : \bar{x} < 74.02 \cup \bar{x} > 75.98 \}$，则样本容量 $n = $（　　）.

A. 36　　　　　B. 64　　　　　C. 25　　　　　D. 81

6. 将由显著性水平所规定的拒绝域平分为两部分，置于概率分布的两

边，每边占显著性水平的 1/2，这是（　　　）.

　　A. 单侧检验　　　B. 双侧检验　　　C. 右侧检验　　　D. 左侧检验

三、计算题

1. 设某次考试的考生成绩服从正态分布，从中随机地抽取 36 位考生的成绩，计算得到平均成绩为 66.5 分，标准差为 15 分，问在显著性水平 0.05 下，是否可以认为这次考试全体考生平均成绩为 70 分？并给出检验过程.

2. 一车床工人需要加工各种规格的工件，已知加工一工件所需的时间（单位：分钟）服从正态分布 $N(\mu, \sigma^2)$，均值为 18，标准差为 4.62. 现希望观测工人对工作的厌烦是否影响他的工作效率，随意抽取 9 位长时间工作的工人加工工件的时间数据：

21.01　19.32　18.76　22.42　20.49　25.89　20.11　18.97　20.90

依据这些数据（取显著性水平 $\alpha = 0.05$），检验假设：$H_0 : \mu \leqslant 18$，$H_1 : \mu > 18$.

3. 某工厂的经理主张新来的雇员在参加某项工作之前至少需要培训 200 小时才能成为独立工作者，为了检验这一主张的合理性，随机选取 10 个雇员询问他们独立工作之前所经历的培训时间（小时）记录如下：

　　　208　180　232　168　212　208　254　229　230　181

设样本来自正态总体 $N(\mu, \sigma^2)$，μ, σ^2 均未知. 试取 $\alpha = 0.05$ 检验假设：$H_0 : \mu \leqslant 200$，$H_1 : \mu > 200$.

4. 设 X 是母牛生了小牛后 305 天产奶期内产出的白脱油磅数. 设总体分布为 $N(\mu, \sigma^2)$，μ, σ^2 均未知. 测得以下数据：

　　　425　710　661　664　732　714　934　761

　　　744　874　653　725　657　421　573　535

　　　602　537　405　791　721　849　567　468　975

试检验假设 $H_0 : \sigma \leqslant 140$，$H_1 : \sigma > 140$（显著性水平 $\alpha = 0.05$）.

5. 由某种铁比热 9 个观察值得到样本标准差 $s = 0.0086$. 设样本来自正态总体 $N(\mu, \sigma^2)$，μ, σ^2 均未知. 试取 $\alpha = 0.05$ 检验假设 $H_0 : \sigma \geqslant 0.0100$，$H_1 : \sigma < 0.0100$.

6. 溪流混浊是由于水中有悬浮固体，对一溪流的水观察了 26 天，一半是在晴天，一半是在下过中到大雨之后，分别以 X, Y 表示晴天和雨天水浑浊度（以 NTU 单位计）的总体，设 $X \sim N(\mu_1, \sigma^2)$，$Y \sim N(\mu_2, \sigma^2)$，$\mu_1, \mu_2$，

σ^2 均未知．今取到 X,Y 的样本分别为：

X：2.9 14.9 1.0 12.6 9.4 7.6 3.6 3.1 2.7 4.8 3.4

    7.1 7.2

Y：7.8 4.2 2.4 12.9 17.3 10.4 5.9 4.9 5.1 8.4 10.8

    23.4 9.7

设两样本独立。试取 $\alpha = 0.05$ 检验假设 H_0：$\mu_1 \geq \mu_2$，H_1：$\mu_1 < \mu_2$.

7. 测定家庭中的空气污染．令 X,Y 分别为房间中无吸烟者和有一名吸烟者在 24 小时内的悬浮颗粒量（以 $\mu g/m^3$ 计）．设 $X \sim N(\mu_X, \sigma_X^2)$，$Y \sim N(\mu_Y, \sigma_Y^2)$，$\mu_X, \sigma_X^2, \mu_Y, \sigma_Y^2$ 均未知．今取到总体 X 的容量 $n_1 = 9$ 的样本，算得样本均值为 $\bar{X} = 93$，样本标准差为 $s_X = 12.9$；取到总体 Y 的容量为 11 的样本，算得样本均值为 $\bar{Y} = 132$，样本标准差为 $s_Y = 7.1$，两样本独立．

（1）试检验假设（$\alpha = 0.05$）：H_0：$\sigma_X^2 = \sigma_Y^2$，H_1：$\sigma_X^2 \neq \sigma_Y^2$.

（2）如能接受 H_0，检验假设（$\alpha = 0.05$）：H_0'：$\mu_X \geq \mu_Y$，H_1'：$\mu_X < \mu_Y$.

8. 设总体 $X \sim N(\mu, 1)$，$X_1, X_2, \ldots, X_n$ 是来自 X 总体的样本，对 H_0：$\mu = 0$，H_1：$\mu \neq 0$，取显著性水平 α，拒绝域为：$w = \{|u| > u_{\frac{\alpha}{2}}\}$，其中 $u = \sqrt{n}\,\bar{x}$．完成以下任务：

（1）当 H_0 成立时，求犯第一类错误的概率 $\alpha(u)$.

（2）当 H_0 不成立时，求犯第二类错误的概率 $\beta(u)$.

9. 甲乙相邻地段各取了 50 块和 25 块岩心进行磁化率测定，算出两样本标准差分别是 $S_1^2 = 0.0139$，$S_2^2 = 0.0053$，问甲乙两段的标准差是否有显著性差异（$\alpha = 0.05$）？

附表1　泊松分布表

$$\left[\text{表中列出了 } P(X=m) = \frac{\lambda^m}{m!}e^{-\lambda} \text{ 的值}\right]$$

m \ λ	0.1	0.2	0.3	0.4	0.5	0.6	0.7	0.8
0	0.904837	0.818731	0.740818	0.670320	0.606531	0.548812	0.496585	0.449329
1	0.090484	0.163746	0.222245	0.268128	0.303265	0.329287	0.347610	0.359463
2	0.004524	0.016375	0.033337	0.053626	0.075816	0.098786	0.121663	0.143785
3	0.000151	0.001092	0.003334	0.007150	0.012636	0.019757	0.028388	0.038343
4	0.000004	0.000055	0.000250	0.000715	0.001580	0.002964	0.004968	0.007669
5		0.000002	0.000015	0.000057	0.000158	0.000356	0.000696	0.001227
6			0.000001	0.000004	0.000013	0.000036	0.000081	0.000164
7					0.000001	0.000003	0.000008	0.000019
8							0.000001	0.000002

m \ λ	0.9	1.0	1.5	2.0	2.5	3.0	3.5	4.0
0	0.406570	0.367879	0.223130	0.135335	0.082085	0.049787	0.030197	0.018316
1	0.365913	0.367879	0.334695	0.270671	0.205212	0.149361	0.105691	0.073263
2	0.164661	0.183940	0.251021	0.270671	0.256516	0.224042	0.184959	0.146525
3	0.049398	0.061313	0.125511	0.180447	0.213763	0.224042	0.215785	0.195367
4	0.011115	0.015328	0.047067	0.090224	0.133602	0.168031	0.188812	0.195367
5	0.002001	0.003066	0.014120	0.036089	0.066801	0.100819	0.132169	0.156293
6	0.000300	0.000511	0.003530	0.012030	0.027834	0.050409	0.077098	0.104196
7	0.000039	0.000073	0.000756	0.003437	0.009941	0.021604	0.038549	0.059540
8	0.000004	0.000009	0.000142	0.000859	0.003106	0.008102	0.016865	0.029770
9		0.000001	0.000024	0.000191	0.000863	0.002701	0.006559	0.013231
10			0.000004	0.000038	0.000216	0.000810	0.002296	0.005292
11				0.000007	0.000049	0.000221	0.000730	0.001925
12				0.000001	0.000010	0.000055	0.000213	0.000642

续表

m \ λ	0.9	1.0	1.5	2.0	2.5	3.0	3.5	4.0
13					0.000002	0.000013	0.000057	0.000197
14						0.000003	0.000014	0.000056
15						0.000001	0.000003	0.000015
16							0.000001	0.000004
17								0.000001

m \ λ	4.5	5.0	5.5	6.0	6.5	7.0	7.5	8.0
0	0.011109	0.006738	0.004087	0.002479	0.001503	0.000912	0.000553	0.000335
1	0.049990	0.033690	0.022477	0.014873	0.009772	0.006383	0.004148	0.002684
2	0.112479	0.084224	0.061812	0.044618	0.031760	0.022341	0.015555	0.010735
3	0.168718	0.140374	0.113323	0.089235	0.068814	0.052129	0.038889	0.028626
4	0.189808	0.175467	0.155819	0.133853	0.111822	0.091226	0.072916	0.057252
5	0.170827	0.175467	0.171401	0.160623	0.145369	0.127717	0.109375	0.091604
6	0.128120	0.146223	0.157117	0.160623	0.157483	0.149003	0.136718	0.122138
7	0.082363	0.104445	0.123449	0.137677	0.146234	0.149003	0.146484	0.139587
8	0.046329	0.065278	0.084871	0.103258	0.118815	0.130377	0.137329	0.139587
9	0.023165	0.036266	0.051866	0.068838	0.085811	0.101405	0.114440	0.124077
10	0.010424	0.018133	0.028526	0.041303	0.055777	0.070983	0.085830	0.099262
11	0.004264	0.008242	0.014263	0.022529	0.032959	0.045171	0.058521	0.072190
12	0.001599	0.003434	0.006537	0.011264	0.017853	0.026350	0.036575	0.048127
13	0.000554	0.001321	0.002766	0.005199	0.008926	0.014188	0.021101	0.029616
14	0.000178	0.000472	0.001087	0.002228	0.004144	0.007094	0.011304	0.016924
15	0.000053	0.000157	0.000398	0.000891	0.001796	0.003311	0.005652	0.009026
16	0.000015	0.000049	0.000137	0.000334	0.000730	0.001448	0.002649	0.004513
17	0.000004	0.000014	0.000044	0.000118	0.000279	0.000596	0.001169	0.002124
18	0.000001	0.000004	0.000014	0.000039	0.000101	0.000232	0.000487	0.000944
19		0.000001	0.000004	0.000012	0.000034	0.000085	0.000192	0.000397
20			0.000001	0.000004	0.000011	0.000030	0.000072	0.000159
21				0.000001	0.000003	0.000010	0.000026	0.000061
22					0.000001	0.000003	0.000009	0.000022
23						0.000001	0.000003	0.000008
24							0.000001	0.000003
25								0.000001

续表

λ m	8.5	9.0	9.5	10	12	15	18	20
0	0.000203	0.000123	0.000075	0.000045	0.000006	0.000000	0.000000	0.000000
1	0.001729	0.001111	0.000711	0.000454	0.000074	0.000005	0.000000	0.000000
2	0.007350	0.004998	0.003378	0.002270	0.000442	0.000034	0.000002	0.000000
3	0.020826	0.014994	0.010696	0.007567	0.001770	0.000172	0.000015	0.000003
4	0.044255	0.033737	0.025403	0.018917	0.005309	0.000645	0.000067	0.000014
5	0.075233	0.060727	0.048266	0.037833	0.012741	0.001936	0.000240	0.000055
6	0.106581	0.091090	0.076421	0.063055	0.025481	0.004839	0.000719	0.000183
7	0.129419	0.117116	0.103714	0.090079	0.043682	0.010370	0.001850	0.000523
8	0.137508	0.131756	0.123160	0.112599	0.065523	0.019444	0.004163	0.001309
9	0.129869	0.131756	0.130003	0.125110	0.087364	0.032407	0.008325	0.002908
10	0.110388	0.118580	0.123502	0.125110	0.104837	0.048611	0.014985	0.005816
11	0.085300	0.097020	0.106661	0.113736	0.114368	0.066287	0.024521	0.010575
12	0.060421	0.072765	0.084440	0.094780	0.114368	0.082859	0.036782	0.017625
13	0.039506	0.050376	0.061706	0.072908	0.105570	0.095607	0.050929	0.027116
14	0.023986	0.032384	0.041872	0.052077	0.090489	0.102436	0.065480	0.038737
15	0.013592	0.019431	0.026519	0.034718	0.072391	0.102436	0.078576	0.051649
16	0.007221	0.010930	0.015746	0.021699	0.054293	0.096034	0.088397	0.064561
17	0.003610	0.005786	0.008799	0.012764	0.038325	0.084736	0.093597	0.075954
18	0.001705	0.002893	0.004644	0.007091	0.025550	0.070613	0.093597	0.084394
19	0.000763	0.001370	0.002322	0.003732	0.016137	0.055747	0.088671	0.088835
20	0.000324	0.000617	0.001103	0.001866	0.009682	0.041810	0.079804	0.088835
21	0.000131	0.000264	0.000499	0.000889	0.005533	0.029865	0.068403	0.084605
22	0.000051	0.000108	0.000215	0.000404	0.003018	0.020362	0.055966	0.076914
23	0.000019	0.000042	0.000089	0.000176	0.001574	0.013280	0.043800	0.066881
24	0.000007	0.000016	0.000035	0.000073	0.000787	0.008300	0.032850	0.055735
25	0.000002	0.000006	0.000013	0.000029	0.000378	0.004980	0.023652	0.044588
26	0.000001	0.000002	0.000005	0.000011	0.000174	0.002873	0.016374	0.034298
27		0.000001	0.000002	0.000004	0.000078	0.001596	0.010916	0.025406
28			0.000001	0.000001	0.000033	0.000855	0.007018	0.018147
29				0.000001	0.000014	0.000442	0.004356	0.012515

m \ λ	8.5	9.0	9.5	10	12	15	18	20
30					0.000005	0.000221	0.002613	0.008344
31					0.000002	0.000107	0.001517	0.005383
32					0.000001	0.000050	0.000854	0.003364
33						0.000023	0.000466	0.002039
34						0.000010	0.000246	0.001199
35						0.000004	0.000127	0.000685
36						0.000002	0.000063	0.000381
37						0.000001	0.000031	0.000206
38							0.000015	0.000108
39							0.000007	0.000056

附表 2 标准正态分布表

$\left[\text{表中列出了 } \boldsymbol{\Phi}(\boldsymbol{x}) = \int_{-\infty}^{x} \frac{1}{\sqrt{2\pi}} \mathrm{e}^{-\frac{t^2}{2}} \mathrm{d}x \text{ 的值}\right]$

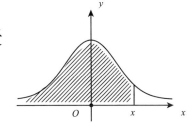

x	0.00	0.01	0.02	0.03	0.04	0.05	0.06	0.07	0.08	0.09
0.0	0.0000	0.5040	0.5080	0.5120	0.5160	0.5199	0.5239	0.5279	0.5319	0.5359
0.1	0.5398	0.5438	0.5478	0.5517	0.5557	0.5596	0.5636	0.5675	0.5714	0.5753
0.2	0.5793	0.5832	0.5871	0.5910	0.5948	0.5987	0.6026	0.6064	0.6103	0.6141
0.3	0.6179	0.6217	0.6255	0.6293	0.6331	0.6368	0.6404	0.6443	0.6480	0.6517
0.4	0.6554	0.6591	0.6628	0.6664	0.6700	0.6736	0.6772	0.6808	0.6844	0.6879
0.5	0.6915	0.6950	0.6985	0.7019	0.7054	0.7088	0.7123	0.7157	0.7190	0.7224
0.6	0.7257	0.7291	0.7324	0.7357	0.7389	0.7422	0.7454	0.7486	0.7517	0.7549
0.7	0.7580	0.7611	0.7642	0.7673	0.7703	0.7734	0.7764	0.7794	0.7823	0.7852
0.8	0.7881	0.7910	0.7939	0.7967	0.7995	0.8023	0.8051	0.8078	0.8106	0.8133
0.9	0.8159	0.8186	0.8212	0.8238	0.8264	0.8289	0.8355	0.8340	0.8365	0.8389
1.0	0.8413	0.8438	0.8461	0.8485	0.8508	0.8531	0.8554	0.8577	0.8599	0.8621
1.1	0.8643	0.8665	0.8686	0.8708	0.8729	0.8749	0.8770	0.8790	0.8810	0.8830
1.2	0.8849	0.8869	0.8888	0.8907	0.8925	0.8944	0.8962	0.8980	0.8997	0.9015
1.3	0.9032	0.9049	0.9066	0.9082	0.9099	0.9115	0.9131	0.9147	0.9162	0.9177
1.4	0.9192	0.9207	0.9222	0.9236	0.9251	0.9265	0.9279	0.9292	0.9306	0.9319
1.5	0.9332	0.9345	0.9357	0.9370	0.9382	0.9394	0.9406	0.9418	0.9430	0.9441
1.6	0.9452	0.9463	0.9474	0.9484	0.9495	0.9505	0.9515	0.9525	0.9535	0.9535
1.7	0.9554	0.9564	0.9573	0.9582	0.9591	0.9599	0.9608	0.9616	0.9625	0.9633
1.8	0.9641	0.9648	0.9656	0.9664	0.9672	0.9678	0.9686	0.9693	0.9700	0.9706
1.9	0.9713	0.9719	0.9726	0.9732	0.9738	0.9744	0.9750	0.9756	0.9762	0.9767
2.0	0.9772	0.9778	0.9783	0.9788	0.9793	0.9798	0.9803	0.9808	0.9812	0.9817
2.1	0.9821	0.9826	0.9830	0.9834	0.9838	0.9842	0.9846	0.9850	0.9854	0.9857

x	0.00	0.01	0.02	0.03	0.04	0.05	0.06	0.07	0.08	0.09
2.2	0.9861	0.9864	0.9868	0.9871	0.9874	0.9878	0.9881	0.9884	0.9887	0.9890
2.3	0.9893	0.9896	0.9898	0.9901	0.9904	0.9906	0.9909	0.9911	0.9913	0.9916
2.4	0.9918	0.9920	0.9922	0.9925	0.9927	0.9929	0.9931	0.9932	0.9934	0.9936
2.5	0.9938	0.9940	0.9941	0.9943	0.9945	0.9946	0.9948	0.9949	0.9951	0.9952
2.6	0.9953	0.9955	0.9956	0.9957	0.9959	0.9960	0.9961	0.9962	0.9963	0.9964
2.7	0.9965	0.9966	0.9967	0.9968	0.9969	0.9970	0.9971	0.9972	0.9973	0.9974
2.8	0.9974	0.9975	0.9976	0.9977	0.9977	0.9978	0.9979	0.9979	0.9980	0.9981
2.9	0.9981	0.9982	0.9982	0.9983	0.9984	0.9984	0.9985	0.9985	0.9986	0.9986
3.0	0.9987	0.9990	0.9993	0.9995	0.9997	0.9998	0.9998	0.9999	0.9999	1.0000

附表3 t 分布表

[表中列出了 $P(t(n) > t_\alpha) = \alpha$ 中的 t_α]

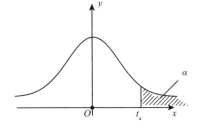

α n	0.1	0.05	0.025	0.01	0.005	0.001	0.0005
1	3.078	6.314	12.706	31.821	63.657	318.309	636.619
2	1.886	2.920	4.303	6.965	9.925	22.327	31.599
3	1.638	2.353	3.182	4.541	5.841	10.215	12.924
4	1.533	2.132	2.776	3.747	4.604	7.173	8.610
5	1.476	2.015	2.571	3.365	4.032	5.893	6.869
6	1.440	1.943	2.447	3.143	3.707	5.208	5.959
7	1.415	1.895	2.365	2.998	3.499	4.785	5.408
8	1.397	1.860	2.306	2.896	3.355	4.501	5.041
9	1.383	1.833	2.262	2.821	3.250	4.297	4.781
10	1.372	1.812	2.228	2.764	3.169	4.144	4.587
11	1.363	1.796	2.201	2.718	3.106	4.025	4.437
12	1.356	1.782	2.179	2.681	3.055	3.930	4.318
13	1.350	1.771	2.160	2.650	3.012	3.852	4.221
14	1.345	1.761	2.145	2.624	2.977	3.787	4.140
15	1.341	1.753	2.131	2.602	2.947	3.733	4.073
16	1.337	1.746	2.120	2.583	2.921	3.686	4.015
17	1.333	1.740	2.110	2.567	2.898	3.646	3.965
18	1.330	1.734	2.101	2.552	2.878	3.610	3.922
19	1.328	1.729	2.093	2.539	2.861	3.579	3.883
20	1.325	1.725	2.086	2.528	2.845	3.552	3.850
21	1.323	1.721	2.080	2.518	2.831	3.527	3.819
22	1.321	1.717	2.074	2.508	2.819	3.505	3.792
23	1.319	1.714	2.069	2.500	2.807	3.485	3.768

续表

n \ α	0.1	0.05	0.025	0.01	0.005	0.001	0.0005
24	1.318	1.711	2.064	2.492	2.797	3.467	3.745
25	1.316	1.708	2.060	2.485	2.787	3.450	3.725
26	1.315	1.706	2.056	2.479	2.779	3.435	3.707
27	1.314	1.703	2.052	2.473	2.771	3.421	3.690
28	1.313	1.701	2.048	2.467	2.763	3.408	3.674
29	1.311	1.699	2.045	2.462	2.756	3.396	3.659
30	1.310	1.697	2.042	2.457	2.750	3.385	3.646
40	1.303	1.684	2.021	2.423	2.704	3.307	3.551
60	1.296	1.671	2.000	2.390	2.660	3.232	3.460
120	1.289	1.658	1.980	2.358	2.617	3.160	3.373
∞	1.282	1.645	1.960	2.326	2.576	3.090	3.291

附表4 χ^2 分布表

[表中列出了 $P(\chi^2(n) > \chi_\alpha^2) = \alpha$ 中的 χ_α^2]

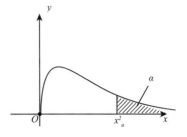

α n	0.995	0.99	0.975	0.95	0.9	0.5	0.1	0.05	0.025	0.01	0.005
1	0.000	0.000	0.001	0.004	0.020	0.450	2.710	3.840	5.020	6.630	7.880
2	0.010	0.020	0.020	0.100	0.210	1.390	4.610	5.990	7.380	9.210	10.600
3	0.070	0.110	0.220	0.350	0.580	2.370	6.250	7.810	9.350	11.340	12.840
4	0.210	0.300	0.480	0.710	1.060	3.360	7.780	9.490	11.140	13.280	14.860
5	0.410	0.550	0.830	1.150	1.610	4.350	9.240	11.070	12.830	15.090	16.750
6	0.680	0.870	1.240	1.640	2.200	5.350	10.640	12.590	14.450	16.810	18.550
7	0.990	1.240	1.690	2.170	2.830	6.350	12.020	14.070	16.010	18.480	20.280
8	1.340	1.650	2.180	2.730	3.400	7.340	13.360	15.510	17.530	20.090	21.960
9	1.730	2.090	2.700	3.330	4.170	8.340	14.680	16.920	19.020	21.670	23.590
10	2.160	2.560	3.250	3.940	4.870	9.340	15.990	18.310	20.480	23.210	25.190
11	2.600	3.050	3.820	4.570	5.580	10.340	17.280	19.680	21.920	24.720	26.760
12	3.070	3.570	4.400	5.230	6.300	11.340	18.550	21.030	23.340	26.220	28.300
13	3.570	4.110	5.010	5.890	7.040	12.340	19.810	22.360	24.740	27.690	29.820
14	4.070	4.660	5.630	6.570	7.790	13.340	21.060	23.680	26.120	29.140	31.320
15	4.600	5.230	6.270	7.260	8.550	14.340	22.310	25.000	27.490	30.580	32.800
16	5.140	5.810	6.910	7.960	9.310	15.340	23.540	26.300	28.850	32.000	34.270
17	5.700	6.410	7.560	8.670	10.090	16.340	24.770	27.590	30.190	33.410	35.720
18	6.260	7.010	8.230	9.390	10.860	17.340	25.990	28.870	31.530	34.810	37.160
19	6.840	7.630	8.910	10.120	11.650	18.340	27.200	30.140	32.850	36.190	38.580
20	7.430	8.260	9.590	10.850	12.440	19.340	28.410	31.410	34.170	37.570	40.000
21	8.030	8.900	10.280	11.590	13.240	20.340	29.620	32.670	35.480	38.930	41.400
22	8.640	9.540	10.980	12.340	14.040	21.340	30.810	33.920	36.780	40.290	42.800
23	9.260	10.200	11.690	13.090	14.850	22.340	32.010	35.170	38.080	41.640	44.180

α n	0.995	0.99	0.975	0.95	0.9	0.5	0.1	0.05	0.025	0.01	0.005
24	9.890	10.860	12.400	13.850	15.660	23.340	33.200	36.420	39.360	42.980	45.560
25	10.520	11.520	13.120	14.610	16.470	24.340	34.380	37.650	40.650	44.310	46.930
26	11.160	12.200	13.840	15.380	17.290	25.340	35.560	38.890	41.920	45.640	48.290
27	11.810	12.880	14.570	16.150	18.110	26.340	36.740	40.110	43.190	46.960	49.640
28	12.460	13.560	15.310	16.930	18.940	27.340	37.920	41.340	44.460	48.280	50.990
29	13.120	14.260	16.050	17.710	19.770	28.340	39.090	42.560	45.720	49.590	52.340
30	13.790	14.950	16.790	18.490	20.600	29.340	40.260	43.770	46.980	50.890	53.670
40	20.710	22.160	24.430	26.510	29.050	39.340	51.800	55.760	59.340	63.690	66.770
50	27.990	29.710	32.360	34.760	37.690	49.330	63.170	67.500	71.420	76.150	79.490
60	35.530	37.480	40.480	43.190	46.460	59.330	74.400	79.080	83.300	88.380	91.950

附表5 F分布表

[表中列出了 $P\{F(n_1, n_2) > F_\alpha\} = \alpha$ 中的 F_α]

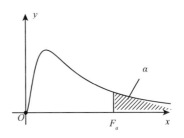

附表 5 − 1 $\alpha = 0.005$

n_2 \ n_1	1	2	3	4	5	6	8	12	24	∞
1	16200	20000	21615	22500	23056	23437	23925	24426	24940	25465
2	198.50	199.00	199.20	199.20	199.30	199.30	199.40	199.40	199.50	199.50
3	55.55	49.80	47.47	46.19	45.39	44.84	44.13	43.39	42.62	41.83
4	31.33	26.28	24.26	23.15	22.46	21.97	21.35	20.70	20.03	19.32
5	22.78	18.31	16.53	15.56	14.94	14.51	13.96	13.38	12.78	12.14
6	18.63	14.45	12.92	12.03	11.46	11.07	10.57	10.03	9.47	8.88
7	16.24	12.40	10.88	10.05	9.52	9.16	8.68	8.18	7.65	7.08
8	14.69	11.04	9.60	8.81	8.30	7.95	7.50	7.01	6.50	5.95
9	13.61	10.11	8.72	7.96	7.47	7.13	6.69	6.23	5.73	5.19
10	12.83	9.43	8.08	7.34	6.87	6.54	6.12	5.66	5.17	4.64
11	12.23	8.91	7.60	6.88	6.42	6.10	5.68	5.24	4.76	4.23
12	11.75	8.51	7.23	6.52	6.07	5.76	5.35	4.91	4.43	3.90
13	11.37	8.19	6.93	6.23	5.79	5.48	5.08	4.64	4.17	3.65
14	11.06	7.92	6.68	6.00	5.56	5.26	4.86	4.43	3.96	3.44
15	10.80	7.70	6.48	5.80	5.37	5.07	4.67	4.25	3.79	3.26
16	10.58	7.51	6.30	5.64	5.21	4.91	4.52	4.10	3.64	3.11
17	10.38	7.35	6.16	5.50	5.07	4.78	4.39	3.97	3.51	2.98
18	10.22	7.21	6.03	5.37	4.96	4.66	4.28	3.86	3.40	2.87
19	10.07	7.09	5.92	5.27	4.85	4.56	4.18	3.76	3.31	2.78
20	9.94	6.99	5.82	5.17	4.76	4.47	4.09	3.68	3.22	2.69
21	9.83	6.89	5.73	5.09	4.68	4.39	4.01	3.60	3.15	2.61
22	9.73	6.81	5.65	5.02	4.61	4.32	3.94	3.54	3.08	2.55

n_2 \ n_1	1	2	3	4	5	6	8	12	24	∞
23	9.63	6.73	5.58	4.95	4.54	4.26	3.88	3.47	3.02	2.48
24	9.55	6.66	5.52	4.89	4.49	4.20	3.83	3.42	2.97	2.43
25	9.48	6.60	5.46	4.84	4.43	4.15	3.78	3.37	2.92	2.38
26	9.41	6.54	5.41	4.79	4.38	4.10	3.73	3.33	2.87	2.33
27	9.34	6.49	5.36	4.74	4.34	4.06	3.69	3.28	2.83	2.29
28	9.28	6.44	5.32	4.70	4.30	4.02	3.65	3.25	2.79	2.25
29	9.23	6.40	5.28	4.66	4.26	3.98	3.61	3.21	2.76	2.21
30	9.18	6.35	5.24	4.62	4.23	3.95	3.58	3.18	2.73	2.18
40	8.83	6.07	4.98	4.37	3.99	3.71	3.35	2.95	2.50	1.93
60	8.49	5.79	4.73	4.14	3.76	3.49	3.13	2.74	2.29	1.69
120	8.18	5.54	4.50	3.92	3.55	3.28	2.93	2.54	2.09	1.43

附表 5 - 2　　　　　　　　　$\alpha = 0.01$

n_2 \ n_1	1	2	3	4	5	6	8	12	24	∞
1	4052	4999	5403	5625	5764	5859	5981	6106	6234	6366
2	98.49	99.01	99.17	99.25	99.30	99.33	99.36	99.42	99.46	99.50
3	34.12	30.81	29.46	28.71	28.24	27.91	27.49	27.05	26.60	26.12
4	21.20	18.00	16.69	15.98	15.52	15.21	14.80	14.37	13.93	13.46
5	16.26	13.27	12.06	11.39	10.97	10.67	10.29	9.89	9.47	9.02
6	13.74	10.92	9.78	9.15	8.75	8.47	8.1	7.72	7.31	6.88
7	12.25	9.55	8.45	7.85	7.46	7.19	6.84	6.47	6.07	5.65
8	11.26	8.65	7.59	7.01	6.63	6.37	6.03	5.67	5.28	4.86
9	10.56	8.02	6.99	6.42	6.06	5.80	5.47	5.11	4.73	4.31
10	10.04	7.56	6.55	5.99	5.64	5.39	5.06	4.71	4.33	3.91
11	9.65	7.20	6.22	5.67	5.32	5.07	4.74	4.40	4.02	3.60
12	9.33	6.93	5.95	5.41	5.06	4.82	4.50	4.16	3.78	3.36
13	9.07	6.70	5.74	5.20	4.86	4.62	4.30	3.96	3.59	3.16
14	8.86	6.51	5.56	5.03	4.69	4.46	4.14	3.80	3.43	3.00
15	8.68	6.36	5.42	4.89	4.56	4.32	4.00	3.67	3.29	2.87

n_2 \ n_1	1	2	3	4	5	6	8	12	24	∞
16	8.53	6.23	5.29	4.77	4.44	4.20	3.89	3.55	3.18	2.75
17	8.40	6.11	5.18	4.67	4.34	4.10	3.79	3.45	3.08	2.65
18	8.28	6.01	5.09	4.58	4.25	4.01	3.71	3.37	3.00	2.57
19	8.18	5.93	5.01	4.50	4.17	3.94	3.63	3.30	2.92	2.49
20	8.10	5.85	4.94	4.43	4.10	3.87	3.56	3.23	2.86	2.42
21	8.02	5.78	4.87	4.37	4.04	3.81	3.51	3.17	2.80	2.36
22	7.94	5.72	4.82	4.31	3.99	3.76	3.45	3.12	2.75	2.31
23	7.88	5.66	4.76	4.26	3.94	3.71	3.41	3.07	2.70	2.26
24	7.82	5.61	4.72	4.22	3.90	3.67	3.36	3.03	2.66	2.21
25	7.77	5.57	4.68	4.18	3.86	3.63	3.32	2.99	2.62	2.17
26	7.72	5.53	4.64	4.14	3.82	3.59	3.29	2.96	2.58	2.13
27	7.68	5.49	4.60	4.11	3.78	3.56	3.26	2.93	2.55	2.10
28	7.64	5.45	4.57	4.07	3.75	3.53	3.23	2.90	2.52	2.06
29	7.60	5.42	4.54	4.04	3.73	3.50	3.20	2.87	2.49	2.03
30	7.56	5.39	4.51	4.02	3.70	3.47	3.17	2.84	2.47	2.01
40	7.31	5.18	4.31	3.83	3.51	3.29	2.99	2.66	2.29	1.80
60	7.08	4.98	4.13	3.65	3.34	3.12	2.82	2.50	2.12	1.60
120	6.85	4.79	3.95	3.48	3.17	2.96	2.66	2.34	1.95	1.38
∞	6.64	4.60	3.78	3.32	3.02	2.80	2.51	2.18	1.79	1.00

附表 5 – 3 $\alpha = 0.025$

n_2 \ n_1	1	2	3	4	5	6	8	12	24	∞
1	647.8	799.5	864.2	899.6	921.8	937.1	956.7	976.7	997.2	1018
2	38.51	39.00	39.17	39.25	39.30	39.33	39.37	39.41	39.46	39.5
3	17.44	16.04	15.44	15.10	14.88	14.73	14.54	14.34	14.12	13.9
4	12.22	10.65	9.98	9.60	9.36	9.20	8.98	8.75	8.51	8.26
5	10.01	8.43	7.76	7.39	7.15	6.98	6.76	6.52	6.28	6.02
6	8.81	7.26	6.60	6.23	5.99	5.82	5.60	5.37	5.12	4.85

续表

n_2 \ n_1	1	2	3	4	5	6	8	12	24	∞
7	8.07	6.54	5.89	5.52	5.29	5.12	4.90	4.67	4.42	4.14
8	7.57	6.06	5.42	5.05	4.82	4.65	4.43	4.20	3.95	3.67
9	7.21	5.71	5.08	4.72	4.48	4.32	4.10	3.87	3.61	3.33
10	6.94	5.46	4.83	4.47	4.24	4.07	3.85	3.62	3.37	3.08
11	6.72	5.26	4.63	4.28	4.04	3.88	3.66	3.43	3.17	2.88
12	6.55	5.10	4.47	4.12	3.89	3.73	3.51	3.28	3.02	2.72
13	6.41	4.97	4.35	4.00	3.77	3.60	3.39	3.15	2.89	2.60
14	6.30	4.86	4.24	3.89	3.66	3.50	3.29	3.05	2.79	2.49
15	6.20	4.77	4.15	3.80	3.58	3.41	3.20	2.96	2.70	2.40
16	6.12	4.69	4.08	3.73	3.50	3.34	3.12	2.89	2.63	2.32
17	6.04	4.62	4.01	3.66	3.44	3.28	3.06	2.82	2.56	2.25
18	5.98	4.56	3.95	3.61	3.38	3.22	3.01	2.77	2.50	2.19
19	5.92	4.51	3.90	3.56	3.33	3.17	2.96	2.72	2.45	2.13
20	5.87	4.46	3.86	3.51	3.29	3.13	2.91	2.68	2.41	2.09
21	5.83	4.42	3.82	3.48	3.25	3.09	2.87	2.64	2.37	2.04
22	5.79	4.38	3.78	3.44	3.22	3.05	2.84	2.60	2.33	2.00
23	5.75	4.35	3.75	3.41	3.18	3.02	2.81	2.57	2.30	1.97
24	5.72	4.32	3.72	3.38	3.15	2.99	2.78	2.54	2.27	1.94
25	5.69	4.29	3.69	3.35	3.13	2.97	2.75	2.51	2.24	1.91
26	5.66	4.27	3.67	3.33	3.10	2.94	2.73	2.49	2.22	1.88
27	5.63	4.24	3.65	3.31	3.08	2.92	2.71	2.47	2.19	1.85
28	5.61	4.22	3.63	3.29	3.06	2.90	2.69	2.45	2.17	1.83
29	5.59	4.20	3.61	3.27	3.04	2.88	2.67	2.43	2.15	1.81
30	5.57	4.18	3.59	3.25	3.03	2.87	2.65	2.41	2.14	1.79
40	5.42	4.05	3.46	3.13	2.90	2.74	2.53	2.29	2.01	1.64
60	5.29	3.93	3.34	3.01	2.79	2.63	2.41	2.17	1.88	1.48
120	5.15	3.80	3.23	2.89	2.67	2.52	2.30	2.05	1.76	1.31
∞	5.02	3.69	3.12	2.79	2.57	2.41	2.19	1.94	1.64	1.00

附表 5 - 4　　　　　　　　　　$\alpha = 0.05$

n_2 \ n_1	1	2	3	4	5	6	8	12	24	∞
1	161.40	199.50	215.70	224.60	230.20	234.00	238.90	243.90	249.00	254.30
2	18.51	19.00	19.16	19.25	19.30	19.33	19.37	19.41	19.45	19.50
3	10.13	9.55	9.28	9.12	9.01	8.94	8.84	8.74	8.64	8.53
4	7.71	6.94	6.59	6.39	6.26	6.16	6.04	5.91	5.77	5.63
5	6.61	5.79	5.41	5.19	5.05	4.95	4.82	4.68	4.53	4.36
6	5.99	5.14	4.76	4.53	4.39	4.28	4.15	4.00	3.84	3.67
7	5.59	4.74	4.35	4.12	3.97	3.87	3.73	3.57	3.41	3.23
8	5.32	4.46	4.07	3.84	3.69	3.58	3.44	3.28	3.12	2.93
9	5.12	4.26	3.86	3.63	3.48	3.37	3.23	3.07	2.90	2.71
10	4.96	4.10	3.71	3.48	3.33	3.22	3.07	2.91	2.74	2.54
11	4.84	3.98	3.59	3.36	3.20	3.09	2.95	2.79	2.61	2.40
12	4.75	3.88	3.49	3.26	3.11	3.00	2.85	2.69	2.50	2.30
13	4.67	3.80	3.41	3.18	3.02	2.92	2.77	2.60	2.42	2.21
14	4.60	3.74	3.34	3.11	2.96	2.85	2.70	2.53	2.35	2.13
15	4.54	3.68	3.29	3.06	2.90	2.79	2.64	2.48	2.29	2.07
16	4.49	3.63	3.24	3.01	2.85	2.74	2.59	2.42	2.24	2.01
17	4.45	3.59	3.20	2.96	2.81	2.70	2.55	2.38	2.19	1.96
18	4.41	3.55	3.16	2.93	2.77	2.66	2.51	2.34	2.15	1.92
19	4.38	3.52	3.13	2.90	2.74	2.63	2.48	2.31	2.11	1.88
20	4.35	3.49	3.10	2.87	2.71	2.60	2.45	2.28	2.08	1.84
21	4.32	3.47	3.07	2.84	2.68	2.57	2.42	2.25	2.05	1.81
22	4.30	3.44	3.05	2.82	2.66	2.55	2.40	2.23	2.03	1.78
23	4.28	3.42	3.03	2.80	2.64	2.53	2.38	2.20	2.00	1.76
24	4.26	3.40	3.01	2.78	2.62	2.51	2.36	2.18	1.98	1.73
25	4.24	3.38	2.99	2.76	2.60	2.49	2.34	2.16	1.96	1.71
26	4.22	3.37	2.98	2.74	2.59	2.47	2.32	2.15	1.95	1.69
27	4.21	3.35	2.96	2.73	2.57	2.46	2.30	2.13	1.93	1.67
28	4.20	3.34	2.95	2.71	2.56	2.44	2.29	2.12	1.91	1.65
29	4.18	3.33	2.93	2.70	2.54	2.43	2.28	2.10	1.90	1.64
30	4.17	3.32	2.92	2.69	2.53	2.42	2.27	2.09	1.89	1.62
40	4.08	3.23	2.84	2.61	2.45	2.34	2.18	2.00	1.79	1.51
60	4.00	3.15	2.76	2.52	2.37	2.25	2.10	1.92	1.70	1.39
120	3.92	3.07	2.68	2.45	2.29	2.17	2.02	1.83	1.61	1.25
∞	3.84	2.99	2.60	2.37	2.21	2.09	1.94	1.75	1.52	1.00

附表 5 - 5 $\alpha = 0.10$

n_2 \ n_1	1	2	3	4	5	6	8	12	24	∞
1	39.86	49.5	53.59	55.83	57.24	58.20	59.44	60.71	62.00	63.33
2	8.53	9.00	9.16	9.24	9.29	9.33	9.37	9.41	9.45	9.49
3	5.54	5.46	5.36	5.32	5.31	5.28	5.25	5.22	5.18	5.13
4	4.54	4.32	4.19	4.11	4.05	4.01	3.95	3.90	3.83	3.76
5	4.06	3.78	3.62	3.52	3.45	3.40	3.34	3.27	3.19	3.10
6	3.78	3.46	3.29	3.18	3.11	3.05	2.98	2.90	2.82	2.72
7	3.59	3.26	3.07	2.96	2.88	2.83	2.75	2.67	2.58	2.47
8	3.46	3.11	2.92	2.81	2.73	2.67	2.59	2.50	2.40	2.29
9	3.36	3.01	2.81	2.69	2.61	2.55	2.47	2.38	2.28	2.16
10	3.29	2.92	2.73	2.61	2.52	2.46	2.38	2.28	2.18	2.06
11	3.23	2.86	2.66	2.54	2.45	2.39	2.30	2.21	2.10	1.97
12	3.18	2.81	2.61	2.48	2.39	2.33	2.24	2.15	2.04	1.90
13	3.14	2.76	2.56	2.43	2.35	2.28	2.20	2.10	1.98	1.85
14	3.10	2.73	2.52	2.39	2.31	2.24	2.15	2.05	1.94	1.80
15	3.07	2.70	2.49	2.36	2.27	2.21	2.12	2.02	1.90	1.76
16	3.05	2.67	2.46	2.33	2.24	2.18	2.09	1.99	1.87	1.72
17	3.03	2.64	2.44	2.31	2.22	2.15	2.06	1.96	1.84	1.69
18	3.01	2.62	2.42	2.29	2.20	2.13	2.04	1.93	1.81	1.66
19	2.99	2.61	2.40	2.27	2.18	2.11	2.02	1.91	1.79	1.63
20	2.97	2.59	2.38	2.25	2.16	2.09	2.00	1.89	1.77	1.61
21	2.96	2.57	2.36	2.23	2.14	2.08	1.98	1.87	1.75	1.59
22	2.95	2.56	2.35	2.22	2.13	2.06	1.97	1.86	1.73	1.57
23	2.94	2.55	2.34	2.21	2.11	2.05	1.95	1.84	1.72	1.55
24	2.93	2.54	2.33	2.19	2.10	2.04	1.94	1.83	1.70	1.53
25	2.92	2.53	2.32	2.18	2.09	2.02	1.93	1.82	1.69	1.52
26	2.91	2.52	2.31	2.17	2.08	2.01	1.92	1.81	1.68	1.50
27	2.90	2.51	2.30	2.17	2.07	2.00	1.91	1.80	1.67	1.49
28	2.89	2.50	2.29	2.16	2.06	2.00	1.90	1.79	1.66	1.48
29	2.89	2.50	2.28	2.15	2.06	1.99	1.89	1.78	1.65	1.47
30	2.88	2.49	2.28	2.14	2.05	1.98	1.88	1.77	1.64	1.46
40	2.84	2.44	2.23	2.09	2.00	1.93	1.83	1.71	1.57	1.38
60	2.79	2.39	2.18	2.04	1.95	1.87	1.77	1.66	1.51	1.29
120	2.75	2.35	2.13	1.99	1.90	1.82	1.72	1.60	1.45	1.19
∞	2.71	2.30	2.08	1.94	1.85	1.17	1.67	1.55	1.38	1.00

参考文献

［1］Devore J L. 概率论与数理统计（影印版）［M］. 北京：高等教育出版社，2004.

［2］彼得·欧佛森. 生活中的概率趣事［M］. 赵莹，译. 北京：机械工业出版社，2014.

［3］傅冬生，赵进等. 概率论与数理统计［M］. 北京：科学出版社，2014.

［4］郭红. 概率论与数理统计［M］. 北京：高等教育出版社，2010.

［5］何书元. 概率论与数理统计［M］. 北京：高等教育出版社，2013.

［6］刘琼荪等. 概率论与数理统计［M］. 北京：高等教育出版社，2013.

［7］刘文斌. 概率论与数理统计［M］. 上海：同济大学出版社，2012.

［8］柳金甫，王义东. 概率论与数理统计（经管类）［M］. 武汉：武汉大学出版社，2014.

［9］龙永红. 概率论与数理统计［M］. 北京：高等教育出版社，2001.

［10］罗斯. 概率论基础教程［M］. 童行伟，梁宝生，译. 北京：机械工业出版社，2014.

［11］茆诗松等. 概率论与数理统计教程［M］. 北京：高等教育出版社，2004.

［12］缪铨生. 概率与统计［M］. 上海：华东师范大学出版社，2000.

［13］盛骤，谢式千，潘承毅. 概率论与数理统计［M］. 5版. 北京：高等教育出版社，2019.

［14］魏宗舒. 概率论与数理统计教程［M］. 北京：高等教育出版社，2010.

［15］吴传生. 经济数学：概率论与数理统计［M］. 北京：高等教育出版社，2009.

［16］吴赣昌. 概率论与数理统计［M］. 北京：中国人民大学出版社，2011.

［17］谢安，李冬红. 概率论与数理统计［M］. 北京：清华大学出版社，2012.

［18］徐雅静. 概率论与数理统计［M］. 北京：科学出版社，2009.

［19］姚孟臣. 概率论与数理统计［M］. 北京：中国人民大学出版社，2006.

［20］野口哲典，张珊. 每天懂一点成功概率学［M］. 西安：陕西师范大学出版

社，2009.

　　［21］袁荫棠. 概率论与数理统计［M］. 北京：中国人民大学出版社，2009.

　　［22］张宇. 张宇概率论与数理统计 9 讲［M］. 北京：北京理工大学出版社，2015.

　　［23］赵跃生，陈晓龙. 概率论与数理统计［M］. 北京：高等教育出版社，2011.

　　［24］周誓达. 概率论与数理统计［M］. 北京：中国人民大学出版社，2012.

习题答案